JA職員のための
農業法人支援
ハンドブック

JA グループ中小企業診断士会 ［編著］

Handbook

経済法令研究会

はじめに

　日本の農業は、人口減少や高齢化の進展、海外農業との競争などの環境変化に伴い、高い生産性や安全性が求められています。同時に、農林水産業の競争力を強化する政府の動きが活発化する昨今、農業法人は増加傾向にあります。ＪＡ職員の中には、「個人農家とは異なる経営支援が求められている」「それぞれの農業法人の成長段階に合わせてニーズが多様化している」と感じている方も多いでしょう。そして、「もっとニーズを先取りした新たな提案をしたい」と望む方もいるかもしれません。

　一方で、前段階として「もっとＪＡを利用してもらいたい」「農業法人の経営者にもＪＡの魅力を感じてほしい」「農業法人へのアプローチの仕方を知りたい」と願うＪＡ職員の声もよく聞かれます。では、自信をもって農業法人にアプローチできるようになるために、そして、もっとＪＡを利用してもらうために、私たちには何が必要なのでしょうか。

　ひとことで言うと、それは農業法人経営への「理解」です。

　これまでも、ＪＡでは農家の経営に寄り添い、様々な商品・サービスの提供や解決策の提案を行ってきました。しかし、いま、求められる法人経営への提案は、単純に今までの延長線上で対応できるもののみではありません。法人化や会社法の知識、人事労務管理、資金調達を含むファイナンス、土地や株式等を含めた事業承継など、多様な農業法人の課題に対応する必要が生じます。まずはそれらの知識を身につけてから、農業法人支援をすすめていかなければなりません。

　また、ＪＡが農業法人に対しいつでも開かれた組織であること、寄り添う姿勢があること、法人経営の重要な案件について相談できる体制があること、さらには、一緒に成長していきたいと思わせる魅力的

なＪＡ職員がいることも重要な要素です。

　私たちＪＡグループ中小企業診断士会は、ＪＡ系統組織に縁のある中小企業診断士や弁護士による有志の集団です。これまで農業法人経営に携わってきた数々の経験に基づき、農業法人経営の安定や発展のために必要となる各種統計や制度の情報、農業経営の考え方、支援事例等を取り上げて本書に紹介しました。いま農業法人が増加している理由、そして、ＪＡならではの農業法人の発展・安定に向けた支援メニューを整理し、農業法人の経営に関する理解を深める内容となっています。

　日々、現場で農業者と接し、その絆を深めるべく農業振興に取組まれている皆様のお役に立つことができれば、これ以上の喜びはありません。

令和２年２月

ＪＡグループ中小企業診断士会
執筆者を代表して　会長　三海泰良

推薦のことば

　このたび、ＪＡグループの中小企業診断士の皆さんの努力により本書刊行のはこびとなったことに敬意を表するとともに、深く感謝いたします。

　いま、日本の農業構造は大きく変化しています。多様な担い手がそれぞれの農業とくらしをよりよく営むことによって、持続可能な地域農業を維持していくことは当然ですが、農家組合員の法人化や規模拡大が進展するなかで、農業法人への支援を強化していくことはＪＡグループにとって必然のことといえます。

　そして、ＪＡグループのあり方も大きく変化しています。制度としての農協はもはやなく、ＪＡグループは、経営継続のために自ら収支を確保していく必要があります。もちろん、協同組合であるＪＡグループは、組合員の共通の利益のための事業を展開しており、この延長で公益にも貢献しています。ＪＡグループの魅力は、使命と経済性を両立させる事業モデルをどれだけもち、それを磨き続け、新たに見出し続けられるかにあると思っています。

　現在、ＪＡグループは「ＪＡ農業経営コンサルティング」に取り組んでいます。組合員の夢や農業経営の目標利益を実現するため、ＪＡ職員がＪＡの最大の強みである総合事業を活かして農業経営を支援していくこと、組合員とＪＡ職員が信頼関係に基づいて、ともに目標を達成していくことは、まさに、使命と経済性を両立させる最前線の取組みです。

　このためには、ＪＡグループ職員のレベルアップが不可欠であり、経営学・マーケティング・財務会計の基礎の知識やコンサルティング・スキルの習得が欠かせません。そしてＪＡ総合事業を理解したうえで、実践を積み重ねていくことが必要です。

実は、私も中小企業診断士として「ＪＡグループ中小企業診断士会」に入会しています。勉強会等に毎回参加することは難しいものの、実務や知識の更新のため、年１回は農業法人の診断を行っています。現場での実践は何よりも学ぶことが多いものです。

　本書の刊行を機に、農業法人に出向き、コンサルティングを実践するＪＡグループの職員が１人でも増えていくことを期待しています。

令和２年２月

一般社団法人全国農業協同組合中央会

専務理事　比嘉政浩

JA職員のための **農業法人支援ハンドブック**

第1章　農業法人の経営実態

第2章　農業法人経営のポイント

第3章　農業法人の支援に活用できる　　JAグループの商品・サービス

第4章　農業法人支援の事例

〈本書をお読みいただくにあたって〉

○　本書では、団体や法令名等を次のように表記しています。

〈団体名関連〉

・農業協同組合 → ＪＡ、農協

・全国農業協同組合中央会 → 全中

・農林中央金庫 → 農林中金

・信用農業協同組合連合会 → 信連

・全国共済農業協同組合連合会 → 共済連

・全国農業協同組合連合会 → 全農

〈法令関連〉

・農業協同組合法 → 農協法

・中小企業における経営の承継の円滑化に関する法律 → 経営承継円滑化法

・出入国管理及び難民認定法 → 入管法

〈呼称〉

・農業法人……会社法人と農事組合法人の総称。個人農家以外を指す

・担い手……５年後、10年後と農業を担っていく農業経営者を指す

・認定農業者……農業経営基盤強化促進法に基づく、農業経営改善計画の市町村の認定を受けた農業経営者・農業法人。すなわち担い手

○　知っておきたい農業関連用語

・ほ場……農作物を栽培する田畑のこと。田、畑、果樹園、牧草地などあらゆる農ほ

・土地の広さを表す単位

	1歩（ぶ）	1畝（せ）	1反（たん）	1町（ちょう）
a（アール）	―	1 a	10a	100a
ha（ヘクタール）	―	―	―	1 ha
㎡（平方メートル）	約3.3㎡	約100㎡	約1,000㎡	約10,000㎡
坪	1坪	30坪	300坪	3,000坪
畳	2畳	60畳	600畳	6,000畳

農業法人の経営実態

1. 日本の農業の現状と課題

日本の農業

　日本列島は、南北に約3,000kmと長く、地域により特色ある農業が行われているため一律に論じることはできませんが、日本の農業の中心的な作物は、概ね、米・野菜・果実・畜産といえます。また、日本の農業の品目・形態は多種多様であり、それらの呼び名の定義は各種あるため、本書では次のように記載することとします。

○稲、麦、大豆、露地野菜など：土地利用型

○ビニールハウス等で栽培する野菜、果物、花きなど：施設園芸

○牛、豚、鶏など：畜産

　これらの農業は、昭和35年頃から近代化によって著しい発展を遂げてきました。

　ここでは、主に平成以降に焦点を当てて、今後の農業法人の動きに関係の深い様々な指標から日本の農業の現状について理解を深め、課題を明らかにしていきましょう。

（1）　GDP（国内総生産）

　国内総生産は、一定期間内に国内で産み出された付加価値の総額のことです。そして、単純にいえば、私達はその付加価値額から給料な

図表1－1　農業就業人口、基幹的農業従事者数と農業産出額

	単位	昭和35年	昭和55年	平成12年	平成22年	平成30年
総人口	万人	9,342	11,706	12,693	12,806	12,644
農業就業人口	万人	1,454	697	389	261	175
割合	%	15.6%	6.0%	3.1%	2.0%	1.4%
うち65歳以上	万人	－	－	206	161	120
割合	%	－	－	53.0%	61.7%	68.6%
基幹的農業従事者	万人	1,175	413	240	205	145
割合	%	12.6%	3.5%	1.9%	1.6%	1.1%
うち65歳以上	万人	－	－	123	125	99
生産年齢人口	万人	6,000	7,888	8,638	8,174	7,545
農業産出額	億円	19,148	102,625	91,295	81,214	90,558
うち耕種	億円	15,415	69,660	66,026	55,127	57,815
構成比	%	80.5%	67.9%	72.3%	67.9%	63.8%
うち畜産	億円	3,477	32,187	24,596	25,525	32,129
構成比	%	18.2%	31.4%	26.9%	31.4%	35.5%
農業就業1人あたり産出額	千円	132	1,472	2,347	3,112	5,175

（出所）総務省統計局「人口推計」、農林水産省「農業労働力に関する統計」「生産農業所得統計」、農林業センサスより作成

どの所得を得ています。

　平成30年の日本の実質ＧＤＰは547兆円で、そのうち農業は5兆7,000億円（農林水産省基本データ集（令和2年2月1日現在））。約1％です。農業の付加価値額は意外と小さいと感じる方も多いでしょ

う。その理由としては、農産物価格の変動のほかに、働く人が減少していることも挙げられます。同年の日本の生産年齢人口（15歳〜64歳）は7,545万人ですが、これに対して農業就業人口は175万人です。そのうち65歳未満は55万人ですので、生産年齢人口の割合ではおよそ0.7％ということになります。農業の現場では元気な高齢者も多く、その支えにより成り立っていることがわかります（ 図表1−1 ）。さらなる生産性の維持・向上のためには、就業者の確保が必要であり、法人化することで受け皿になりやすくなります。

（2） 農業の生産性

　「農業は生産効率が悪い」という指摘もありますが、昭和35年頃からの農業近代化の流れのなかで、その生産性は飛躍的に向上しています。農業就業1人あたりの産出額は、昭和35年の13万2,000円から、平成30年には517万円に拡大（約40倍）しましたが、他の産業と単純比較すると低くなっています（ 図表1−1 ）。

　日本は耕作に適した土地が主要な農業国と比べて狭く、人口1人あたりの農用地面積は約4a（アール）しかありません。それにもかかわらず、なぜこのように拡大が実現できたのでしょうか。

　これには次のような要因が考えられます。

・農機具の機械化や品種・育種改良、農薬・肥料の改善により、土地利用型の農業の生産性が向上した。

・非土地利用型農業（畜産と施設園芸）のうち、畜産は、購入濃厚飼料（輸入飼料）に依存する「加工型畜産」が主流となって、土地利用（飼料自給）と結びつかない畜産経営が増えた。

・同じく施設園芸では、野菜、果実、花などでは温室やビニールハウスなどが急速に普及し生産性が向上した。

　結果として農業収入は向上し、主業農家（注1）総所得801万円（う

図表1－2　勤労者世帯平均年収と農業所得等の推移

	平成26年	27年	28年	29年	30年
勤労者世帯平均年収 （万円）	702	709	715	722	729
販売農家総所得 （万円）	456	496	521	526	511
うち農業所得 （万円）	119	153	185	191	174
農業依存度 （％）	44.7	50.7	56.8	57.2	53.0
主業農家総所得 （万円）	634	704	788	802	801
うち農業所得 （万円）	499	558	649	668	662
農業依存度 （％）	92.4	92.8	93.1	93.2	93.2

（出所）国土交通省「平成30年度住宅経済関連データ」、農林水産省「農業経営に関する統計」より作成

ち農業所得662万円）となり、勤労者世帯の平均年収729万円（平成30年）と比べると、農業所得だけでは充分とはいえませんが、世帯年収では、平成28年を境に逆転しています（ 図表1－2 ）。

　また、新規就農者数は減少傾向にあるものの、ここ数年間5～6万人で推移し、60歳以上の就農が過半を占めていることから、企業定年後の受け皿となっています。49歳以下の新規就農者の中でも新規雇用就農者が増加傾向にありますので、若い世代では、農業法人に雇われる形の農業者が増えているといえるでしょう。

　（注1）農業所得が主（農家所得の50％以上が農業所得）で、65歳未満の農業従事60日以上の者がいる農家。

（3）　農業産出額

　農業産出額を見ると、昭和59年の11兆7,000億円をピークに減少しており、平成29年では9兆3,000億円となっています。しかし、平成26年から29年の3年間は、およそ9,000億円の増加がみられます。平成29年の生産額のうち、割合は畜産が35.1％と最も大きく、次いで野

菜26.4％、米18.7％となっています（後述）。

　また、長期的にみて総生産額は減少していますが、生産物の内訳で
みると、野菜と畜産に増加がみられます。

　平成29年9月1日からは、新たに、加工食品の原料原産地表示制度
が始まりました（令和4年3月末までは食品メーカー等が準備する猶
予期間）。これは国内の産出額を伸ばす後押しとなるでしょう。

（4）　食料自給率

　食料自給率は、国内の食料消費について国産でどの程度賄えている
かを示す指標です。

〈食料自給率〉

　　国内生産量÷国内消費仕向量

　食料自給率には「供給熱量（カロリー）ベース」と「生産額ベー
ス」とがありますが、よくニュースなどで取りあげられるのは供給熱
量ベースです。しかし、家畜のために輸入した餌は輸入した供給熱量
としてカウントされますし、野菜など生産額が高いにも関わらずカロ
リーが低いものは、数値を押し上げる効果は弱くなります。つまり、
カロリーベースだけでは野菜・果樹農家の努力が正当に表されていま
せんので、どういった目的でこの数値を使用するかによって使い分け
る必要があります。

　また、平成18年に、供給熱量ベースの食料自給率が40％を割り込ん
だことから、大きくマスコミ等でも取りあげられることになりました
（ 図表1－3 ）。

　「工業を活かして農業を切り捨てた結果ではないか」「自給率低下は
実はそんなに大変なことではない」などと、賛成・反対の意見は様々
なものがありました。しかし、食料自給率が高いからといって良いと
はいえないという意見も見逃せません。

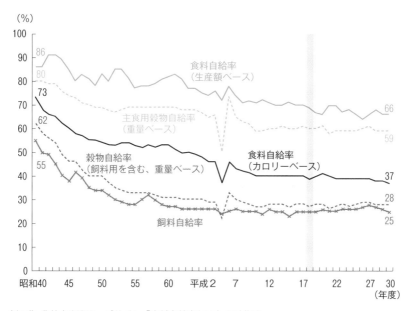

図表1－3　食料自給率の推移

（出所）農林水産省ウェブサイト「食料自給率とは」より作成

　供給熱量ベースの食料自給率は、昭和40年は73％で、米から40％を超えるカロリーを得ており、畜産物・油脂類は各6％でした（農林水産省大臣官房広報評価課「どうなってるの！？日本の農業　食料・農村白書（平成30年度）」）。53年後の平成30年の食料自給率（カロリーベース）は37％と低下していますが、米22％、肉類18％、油脂類15％となっており、米からのカロリー摂取がおよそ半減し（前掲農林水産省資料）、肉類・油脂類は約3倍も摂るようになった食生活の変化が見て取れます。昭和40年の米主体のメニュー構成に比べて食の多様性が増し、食の選択肢が増えたことは、食生活が豊かになったということもできるでしょう。

　生産額ベースの食料自給率は、昭和40年の86％から平成30年は66％

と低下していますが、カロリーベースの落ち込みに対して、生産額
ベースでは、野菜89％、果実62％、畜産物56％と高い割合を維持し
（前掲農林水産省資料）、生産額ベースの自給率を押し上げています。

　ここまで、日本の農業の現状について、様々な統計数字から明らか
にしてきました。消費者の食の多様化に対して、稲作中心の農業では
対応しきれず、輸入で補う形で増加しています。そして近年では、生
産性の向上や需要の増加により農業総産出額は増加し、法人化が進む
ことで１人あたりの農地面積が拡大し、生産性が向上しています。

　農業法人の増加や発展に伴い、より実現性の高い経営支援が求めら
れているといえるでしょう。

農業協同組合の成立ち

　私たちＪＡ設立の根拠法は、「農業協同組合法」であり、「農業者の
協同組織の発達を促進することにより、農業生産力の増進及び農業者
の経済的社会的地位の向上を図り、もって国民経済の発展に寄与する
こと」を目的としています（農協法１条）。

　農業協同組合の前身は、明治時代に作られた産業組合（明治33年）
や帝国農会（明治43年）にさかのぼりますが、太平洋戦争中に生産物
を一元的に集約する目的で「農業会」に改組されました（昭和18年）。
そして、戦後の食料行政は深刻な食糧難のなかで、食料を統制・管理
する必要があったため、昭和20年の終戦後、ＧＨＱ主導により既存の
農業会を改組する形で農協が発足しました（昭和23年）。その後、事
業の効率化や財務の健全化を主な理由として、広域合併を繰り返して
現在の形に作られていきます（ 図表１－４ ）。

戦後の農業

　昭和21年にはＧＨＱ主導で農地改革法が成立し、地主が保有してい

図表1-4　ＪＡの現状

ＪＡ数	昭和35年　令和元年 12,050　　607（減少率95%） 〈市区町村数〉 昭和35年　令和元年 3,511　　1,724（減少率51%）	経営基盤の強化等を図るため、ＪＡの合併を進め、複数の市町村を区域とする広域合併が相当程度進展している。それぞれのＪＡは自立して創意工夫で自由に経営展開できる状況。 現に、創意工夫して農産物販売等を行うＪＡも存在。
職員数	平成5年　平成29年 30万人　20万人	農産物販売等に優秀な人材をシフトする必要。
組合員数	昭和35年　平成29年 正組合員　578万人　431万人 准組合員　76万人　621万人	世代交代が進めばＪＡ事業シェアはさらに低下する可能性。 次世代の農業者が積極的に利用するようなＪＡにして行くことが必要。
ＪＡのシェア	昭和55年　平成29年 米の販売　63%　49% 飼料の購入　54%　30%	
収支構造ＪＡの平均値	平成19事業年度　平成29事業年度 信用　289百万円　349百万円 共済　206百万円　234百万円 経済等　△232百万円　△285百万円 合計　263百万円　298百万円	経済事業（農産物販売・生産資材調達）で農業者にメリットを出しつつ、経営を安定させていくことが必要。

（出所）農林水産省「農協について」（令和元年5月）、「農協改革の進捗状況について」（令和元年9月）より作成

た農地は、政府が強制的に安値で買い上げ、実際に耕作していた小作人に売り渡されました。昭和16年には46%だった小作地が9%に減少し、明治以来日本の農村社会で支配的であった地主・小作制は消滅しましたが、経営規模は0.98ha（昭和13年）から終戦後には0.76ha（昭

1. 日本の農業の現状と課題

図表1-5　農業法人関連の法制度等の推移

年	法制名など	主な内容
昭和21年	農地改革法	不在地主の小作地すべてと、在村地主の小作地のうち一定の保有限度を超える分は、国が強制買収し、実際の耕作をしている小作人に優先的に低価格で売り渡す。
昭和27年	農地法	耕作者の地位の保護、農地の権利移動規制および農地転用規制を行う。
昭和36年	農業基本法	離農者の土地の集約化を進める。稲作栽培技術の向上による労働時間の短縮や地価の上昇にともなう農地の資産的保有意識の形成のため兼業が進展し、所有権移転による規模拡大は思うように進まず。
昭和44年	農業振興地域の整備に関する法律（農振法）	優良農地を農用地区域として設定し、原則として転用を禁止する。
昭和45年	農地法改正	借地を含む農地の流動化を促進する。貸した土地が返ってこなかった農地改革法に対して、「貸しても必ず返ってくる」農地の借地を進める。
昭和50年	相続税の納税猶予制度を創設	農業経営の細分化を防止するための制度を創立。
昭和55年	農用地利用増進法を制定	農用地利用増進事業を拡充するとともに、集落の取り決めにより、農用地利用集積の促進、作付地の集団化等を行う農用地利用改善団体の制度を創設。
平成5年	農業経営基盤強化促進法を制定	担い手の明確化と法人化の推進のため認定農業者制度を創設。
平成11年	新たに食料・農業・農村基本法を制定	農業経営の法人化を明確化。
平成12年	農地法の改正	株式会社（公開会社でないもの）形態の農業生産法人が可能に。
平成15年	特定農業団体制度と遊休農地対策等	構造改革特区制度により、市町村が転貸する方式に限って一般企業の農業参入を認める仕組みを創設。

平成17年	食料・農業・農村基本計画	全農家を対象とした価格政策から担い手に限定した経営所得安定対策への転換を位置づけ。
平成17年	農業経営基盤強化促進法の改正	担い手に対する農地の利用集積を加速化（集落営農の組織化・法人化、リース特区（平成15年〜）の全国展開農地の所有は、農地所有適格法人の要件を満たせば可能。農地所有適格法人は農地を借りることも可能）。貸借であれば、全国どこでも可能に。
平成21年	改正農地法	農地を取得する際の下限面積（50a）を緩和。株式会社等の貸借での参入規制を緩和。
平成27年	農地法改正	要件を満たす法人の呼称を「農業生産法人」から「農地所有適格法人」に変更し、議決権・役員要件を緩和。農業委員会の業務の重点は、「農地等の利用の最適化の推進」であることを明確化。
平成30年	農業経営基盤強化促進法等の改正など	底面を全面コンクリート張りにした農業用ハウス等の設置が可能に。相続未登記農地であっても、すべての相続人を調べることなく、簡易な手続きで最長20年間借りることが可能に。

和30年）と縮小し、農地が細分化されました。このことが、今日まで農地の集約化が進まず日本の農業の生産性が低い原因となったという見方もあります。

　一方で、自作農化により、経営意欲が引き出され、また、肥料・農薬の改善・供給も進み、生産性の安定につながりました。

　そして戦後、昭和30年頃まで、農家所得は都市勤労所得を若干上回っていましたが、経済復興から経済成長へというプロセスのなかで、昭和29年〜昭和48年の高度経済成長期に入ると、農村は２次産業・３次産業への労働者の供給源になり、農業就業人口が減少して兼業農業化が加速しました。そして、都市勤労世帯の所得は順調に増加し、農

家所得を上回るようになっていきます。

　昭和34年には、都市勤労世帯の１人あたりの所得は、農家世帯１人あたりの所得を35％上回るようになり、農村から都市へ若い世代を中心に人口の流出が拡大します。また、米の生産性の向上と食の欧風化による消費減少により、"米あまり"の時代に入っていきます。

　その後、平成になると農家の高齢化が進展し、機械化による効率化が進めにくい中山間地を中心に、農地・生産基盤の維持が難しくなり、耕作放棄地が拡大しました。このことは、農業就業人口が減少することで結果的に農地の集約が進んだといえます。集落営農化や既存農家の規模拡大、法人化が拡大し、法改正による株式会社も含めた法人経営の農業参入も可能になったことから規模を拡大しています。

　これらの流れを法制度とともにまとめたのが 図表１－５ です。

農協改革

　平成28年４月に施行された改正農業協同組合法は、ＪＡが混乱なく改革を進めるための猶予期間を経て、平成31年４月より、地域農協は原則として理事の過半数を認定農業者や農産物販売等のプロとすることを定めています。令和元年10月には、ＪＡに対する全中監査の義務づけを廃止し、代わって会計監査人（監査法人または公認会計士）の設置が義務化されました。また、全中は、組合の意見の代表、総合調整などを行う一般社団法人へ移行しました。

　平成31年３月の第28回ＪＡ全国大会決議では、「創造的自己改革の実践～組合員とともに農業・地域の未来を拓く～」として、以下の重点課題３点を挙げています（ 図表１－６ ）。

①「農業者の所得増大」「農業生産の拡大」へのさらなる挑戦

②連携による「地域の活性化」への貢献

③自己改革の実践を支える経営基盤強化

図表１－６　　第28回ＪＡ全国大会決議の重要課題

めざす姿

食と農を基軸として地域に根ざした協同組合としての総合力発揮

持続可能な農業の実現

豊かでくらしやすい地域社会の実現

協同組合としての役割発揮

取組事項

重点課題

農業者の所得増大
農業生産の拡大

重点課題

持続可能な経営基盤の確立・強化

重点課題

地域の活性化

組合員のアクティブ・メンバーシップの確立

「食」「農」「協同組合」にかかる国民理解の醸成

（出所）全中「創造的自己改革の実践〜組合員とともに農業・地域の未来を拓く〜（平成31年３月）」より作成

日本の農業における課題

　世界の農業の歴史をみると、これまで一貫して生産性向上が進められてきたことがわかります。今後、日本の農業は、人口減少、高齢化の進展、さらには海外農業との競争により、ますます高い生産性や生産物の安全性が求められるでしょう。また、社会構造の変化に合わせた対応も求められます。

　日本の農業の担い手は、個人、農事組合法人（非法人・法人）、農業法人など、規模や目的に合わせて多様な形態の生産組織によって経営ができるようになりました。新たな経営方式を選択した担い手のニーズは、地域・品目に限らず、組織の成長段階も含めて、多種多様です。

　さらに、法人化を進める担い手は、経営の見える化により個人農家とは異なる新たな課題も明らかになり、これまでＪＡに求められることが少なかった分野への対応が求められます。例えば、ＪＡグループ診断士会の会員あてにも、法人化や会社法に基づく対応、生産性の向上、人事労務管理、資金調達を含むファイナンス、土地や財産に加えて株式の事業承継への対応などへの要望が寄せられています。

　課題の解決には、個々の生産者と向き合い、求めに応じた目先の対応はもちろんのこと、少し先を見通した提案をしていくことが必要となります。提案の内容は、各種分析による現状認識から始まり、購入から生産・販売までの各プロセスの課題を明らかにしたうえで提示します。幸いにも提案の実現に要する素材は、必ずＪＡグループの中にありますので、迷ったりわからなかったりするときは、上司や部下を頼ることはもちろんのこと、組織の力を存分に活かして対応することが有用です。

2. 生産の現状と課題

農業産出額の推移

　日本の農業産出額は、昭和59年の11兆7,000億円をピークに減少傾向が続いていましたが、ここ数年は増加傾向にあります（ 図表1－7 ）。内訳を見ると昭和59年は米の割合が33.5％でしたが、平成29年は18.7％まで減っている一方で、畜産については28.1％から35.1％へ拡大し、野菜も16.8％から26.4％へと拡大しています。食の欧風化に伴い、米の消費が減少するとともに、狭い日本の農業用地でも付加価

図表1－7　農業総産出額の推移

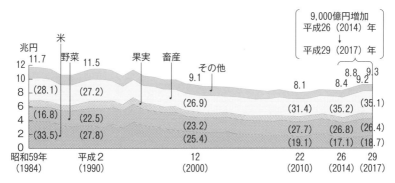

（出所）農林水産省大臣官房広報評価課「どうなってるの！？日本の農業　食料・農業・農村白書（平成30年度）」より作成

2. 生産の現状と課題

生産農業所得の推移

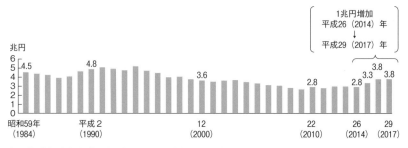

（出所）農林水産省「平成30年度 食料・農業・農村白書」より作成

値を高める非土地利用型の加工畜産や施設園芸が伸長の要因となっています。

　また、地域別の農業形態を見ると、概ね、北海道・東北の1戸あたりの耕作面積地は広く大規模な土地利用型農業、西日本は多様な農業が行われており、狭い土地でも生産性が上げられる施設型農業が特徴的です。

生産農業所得の推移

　生産農業所得は、農業総産出額の減少や資材価格の上昇により、長期的に減少傾向が続いていましたが、近年は増加に転じています（図表1−8）。中期的には、肉類や施設野菜の相場が高水準で維持され、短期的には米や牛乳、高品質な果実の価格が堅調に推移していることが、主な押し上げ要因となっています。

生産動向からみる課題

　前述したような産出額・所得の推移と現状を確認したうえで、課題を明らかにしていきましょう。耕作放棄地の拡大によって農地面積が緩やかに減少していること、担い手の減少・高齢化が進んでいること

は言うまでもありませんが、具体的には次の３点が挙げられます。

❶　農地利用の最適化や担い手の育成・確保等

　法人の規模別に求められる経営課題は異なりますので、ＪＡの資産を活かして多くの事例にあたることで、規模にあった課題の整理と改善策の提案を効率的に行うことが可能となります。

　平成26年に農地中間管理機構（農地バンク）（注２）ができると、担い手の地域集積協力金等の優遇措置の活用もあり、農地集積が進みました。地域別では、最も高い北海道で90.6％、最も低い中国地方では27.4％となっています。中山間地で集約が進んでいない理由は、「狭小・不整形水田」や「老朽化した既存の農業水利システム」が多く、水管理が重荷となるため、規模拡大を進めている担い手農家から敬遠されることが挙げられます。５年が経ち、農地バンクの利用も一巡したことから、令和元年以降には、手続きの簡素化や中山間地域の機構集積協力金の要件を大幅に緩和し、これまで進んでいなかった中山間地での集約が進むことが想定されます。一方で、行政の事務手続きに対するマンパワーの不足や、中山間地にみられる傾向として、農地の出し手ばかりが多く、農地を受ける担い手がいない状況がみられます。そのため、すでに集積が進んでいる地域も含め、借り手への支援強化が課題となっています。こうしたことから、地域農業を理解しているＪＡ職員は、コーディネーターとして力を発揮できる余地があります。

❷　効率的で生産性の高い農業経営の実現

　農業経営体としてどうありたいかを考え、課題解決の手段として法人化があります。法人化することで、従業員を集めやすい、経営継続がしやすいなどの利点があることから、大規模農家や集落営農組織を中心に、法人経営体数は年々増加しています（ 図表１－９ ）。

　集落営農組織では、複数の集落営農が共同して法人を設立するといった取組みや、経営の経験が豊かな担い手を外部から招致すると

2. 生産の現状と課題

図表1-9　農業経営体数と組織経営体数

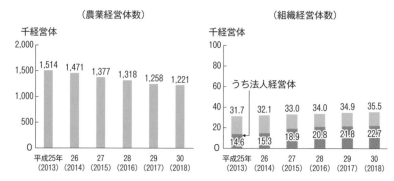

（出所）農林水産省「平成30年度 食料・農業・農村白書」より作成

図表1-10　経営耕地面積規模別カバー率（構成比）

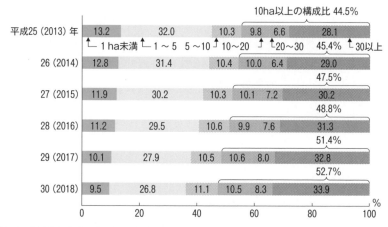

（出所）農林水産省「平成30年度 食料・農業・農村白書」より作成

いった動きがあります。

　担い手不足がより深刻な中山間地域では、畑地化も含めた基盤整備の活用、新規作物等の導入等の総合的な支援が課題となります。

❸　農地の集積・集約化を通じた規模拡大や経営の法人化等の動きへの対応

　経営耕地面積が10ha以上の層の面積シェアをみると、年々増加しており、平成30年には52.7％となっています（ 図表1 −10 ）。さらに、意欲ある担い手が継続的に拡大しながら農地集積を進める一方で、農業経営体数の減少や高齢化の進展、農地の分散、離農や土地持ち非農家の増加により農地の出し手ばかりが多くなり、担い手が受けられる範囲を超えた農地が出てくる地域もあり、課題となっています。また、小規模な土地は、高齢者が生きがいとして農業を続ける農地や、小規模でも経営が成り立つ新規作物を導入する農地等、地域の農地利用をどのように運営するか、課題となります。

　（注2）高齢化等で農地を貸したい農家と経営規模を拡大したい担い手農家・農地所有適格法人とを仲介する農地の借受け・貸付け等の事業を行う組織。平成26年にそれまでの農地保有合理化事業を再編して、都道府県ごとに1つ設置されている。

3. 販売の現状と課題

消費動向

　世帯別に1人あたり1ヵ月間の食料消費支出を見ると、2人以上の世帯は横ばいで推移しており、平成30年は、2万3,893円となりました（ 図表1−11 ）。10年前に比べて、家庭で調理する必要のある生鮮

図表1−11　世帯別品目別食料消費支出（1人あたり1ヵ月間）

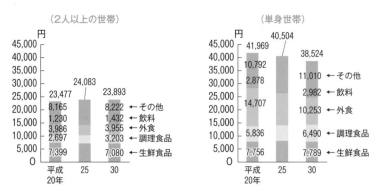

（注）1）生鮮食品は、米、生鮮魚介、生鮮肉、牛乳、卵、生鮮野菜、生鮮果物の合計
　　　2）消費者物価指数（食料：平成27（2015）年基準）を用いて物価の上昇・下落の影響を取り除いた数値
　　　3）2人以上の世帯は、世帯員数で除した1人あたりの数値
（出所）農林水産省「平成30年度 食料・農業・農村白書」より作成

食品の支出が減少し、調理食品の支出が増加しています。

　一方、単身世帯の食料消費支出は、調理食品や外食の支出額が多いことから2人以上の世帯に比べて高く、平成30年は、3万8,524円となっています。また、食料消費支出について34歳以下・35歳～59歳・60歳以上の階層別に調査した結果によれば、10年前と比べると、いずれの階層においても生鮮食品は減少し、調理食品が増加しており（「平成30年度　食料・農業・農村白書」）、今後とも外食・中食市場拡大に新たなビジネスチャンスがあります。

食品産業の規模

　食品産業の規模について、昭和50年代と平成20年代を比べたのが 図表1-12 です。

　昭和50年代と平成20年代を比べると外食は13兆7,000億円（昭和50年代）から25兆1,000億円（平成20年代）と183％拡大、生鮮品等は14兆円から12兆5,000億円と89％縮小、加工品は21兆7,000億円から38兆7,000億円と178％拡大というように変化しており、生鮮品は縮小し、加工品・外食が大きく拡大しています。また、最終製品の輸入が拡大しており、単に外国産の農産物の輸入ではなく、加工品としての輸入が拡大しているという現状があります。

販売動向からみる課題

　販売動向の面から課題となるのは、市場外流通の増加等への対応であり、加工品の拡大や直売拡大のための販路開拓です。また、国内人口が縮小し、高齢化が進展していく国内市場に対して、今後は海外からの安価な農産物輸入が脅威となるばかりではありません。加工品であっても、生産性が低い国内加工品は、海外工場の大規模生産や安価な労働力によって生み出される価格競争力の高い商品や、代替の効か

図表 1 – 12　最終消費からみた飲食費のフロー（昭和50年代と平成20年代の比較）

・平成20年代では食品産業は、食用農水産物9.2兆円と輸入食用農水産物1.3兆円を食材として、国民に多様な食料を供給しており、加工・流通等の段階を経て付加価値を高め、最終消費段階では76.3兆円の規模まで増加している。

・昭和50年代と比較すると市場外流通が広がり、また、食の簡便化志向の高まりや外部化の進展により、外食と加工品の売上が大きく増加し、最終消費額の8割以上を占める。

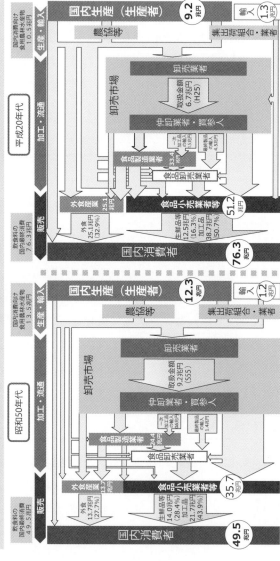

出典：農林水産省「平成23年農林漁業及び関連産業を中心とした産業連関表」等を基に試算
注：本資料は年次が異なる複数の統計、調査等を組み合わせて作成したものであり、金額等が整合しない点がある。

（出所）　農林水産省食料産業局「食品産業をめぐる情勢（2019年5月）」より作成

22

ない特産品などの「最終製品の輸入」の拡大に対抗することが難しくなります。

　農畜産物の輸出額に向けては、ＷＴＯをはじめ、ＴＰＰ11、日欧ＥＰＡ・日米貿易協定などの貿易自由化や関税率の引き下げや撤廃により、国内農畜産物の受給にも影響を与えます。また、輸出に向けた参入障壁は解消しつつあり、農林水産物の輸出額は、9,068億円（平成30年）と輸入額9兆6,688億円（同年）と比べて少ないことから（農林水産省「農林水産物輸出入概況2018年（平成30年）」）、拡大に向けた余地があります。

4. 農業法人の状況と経営実態

農業法人とは

　農業法人は、「農事組合法人、株式会社または持分会社であって、農業を営むものをいう」と定義されています（農業法人に対する投資の円滑化に関する特別措置法2条）。つまり、農業法人とは、企業としての法人形態により、土地利用型農業、施設園芸、畜産などの農業を営む法人の総称です。法人形態は「農事組合法人」と「会社法人」とに分けられ、このうち農地や採草放牧地を所有して農業経営を行うことができる法人を「農地所有適格法人」といいます（図表1−13）。

図表1−13　農業法人の類型

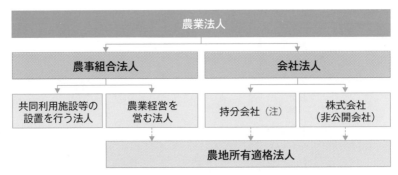

（注）合名会社、合資会社、合同会社

農事組合法人とは

農事組合法人は、農業生産の協業を図る法人です。組合員は原則として農業を営む個人で、行うことができる事業は以下に限られます。

❶ 農業にかかる共同利用施設の設置（当該施設を利用して行う組合員の生産する物資の運搬、加工または貯蔵の事業を含む）、または農作業の共同化に関する事業。

❷ 農業の経営（農業に関連する事業で、農畜産物を原料または材料として使用する製造や加工など（農作業の受託や農業と併せて行う林業の経営を含む））。

❸ ❶および❷に付帯する事業。

会社法人とは

会社法人は、営利目的の法人です。その中でも株式会社は、合同会社等における持ち分にあたるものを株式の形式にし、各社員（＝株主）が出資額を限度とする有限責任を負担するもので、出資者は特段の制限なく出資に応じて株式数を取得できます。また、株主総会において株式数に応じた１株１議決権の法則の行使を前提として決定する仕組みになります。

農地所有適格法人とは

農地法には、「農地または採草牧草地の所有権の移転、使用賃借権などの権利の設定・移転には農業委員会の許可を受けなければならない」旨が定められています（農地法３条）。この許可は、「農地所有適格法人以外の法人が権利を取得しようとする場合」にはすることができないため、法人が農地の権利取得をするためには、農地法で定める一定の要件を備えた「農地所有適格法人」になる必要があります。

4. 農業法人の状況と経営実態

図表1-14　農地所有適格法人の要件

要　件	内　容
法人形態	株式会社（非公開会社に限る）、持分会社または農事組合法人
事　業	売上高の過半が農業（販売・加工等を含む）
構成員 ・ 議決権	〈農業関係者〉 ・常時従事者、農地を提供した個人、地方公共団体、ＪＡ等の議決権が、総議決権の１／２超 ・農地中間管理機構または農地利用集積円滑化団体を通じて法人に農地を貸し付けている個人 〈農業関係者以外の構成員〉 ・保有できる議決権は、総議決権の１／２未満
役　員	・役員の過半が農業（販売・加工等含む）の常時従事者（原則年間150日以上） ・役員または重要な使用人（農場長等）のうち、１人以上が農作業に従事（原則年間60日以上）

農地所有適格法人の要件は　図表1-14　のとおりです。

農業法人の状況

（1）　法人経営体数は増加傾向

　農業経営体数は一貫して減少傾向で推移し、平成17年の200万9,000経営体から10年後の平成27年には137万7,000経営体と、10年間で31％減少しています。しかし、近年は家族経営や集落営農から法人経営へと移行する流れを受けて、農業経営体のうち、農業事業体から委託を受けて農作業に関するサービスを提供する農業サービス事業体等を含まない販売目的の法人経営体数（１戸１法人を除く）は、平成17年の8,700経営体から平成27年には１万9,000経営体と約２倍になり、法人化が進展しています。組織形態別にみると、株式会社等の占める割合が高く、次いで農事組合法人の占める割合が高くなっています。

（2）　法人経営体の大規模化

　農業経営体数の推移を農産物販売金額の規模別にみると、5,000万円以上の経営体は、平成17年の1万4,776経営体から平成27年には1万7,000経営体に増加しています。特に、3億円以上の経営体は、1,182経営体から55％増加して1,827経営体となっており、大規模な法人経営体が増加しています。

　また、平成27年における農産物販売金額全体に占める法人経営体の販売金額シェアは27.3％となり、10年前の15.4％から大きく増加し、農業生産における存在感が増しています。

（3）　法人経営体の経営耕地面積の拡大

　経営耕地総面積は平成22年の369万3,000haから5年後の平成27年には345万1,000haに減少しています。しかし、法人経営体の経営耕地面積は20万9,000haから45万5,000haと倍増しており、経営耕地面積シェアも6％から13％と大きく増え、地域において重要な立ち位置を占めるようになっています。

（4）　集落営農の法人化

　集落営農は、集落を単位として農作業に関する一定の取り決めのもと、地域ぐるみで農作業の共同化や機械の共同利用を行うことにより、経営の効率化を目指す取組みです。高齢化や担い手不足が進行している地域において、農業、農村を維持するうえで有用な形態として全国的に拡大しています（　図表1−15　）。

　集落営農が地域農業を担う安定的な経営体として発展していくためには、その取組みを任意の集まりから法人としての事業に発展させ、農地の安定的な利用や、取引信用力の向上等を図ることが重要です。

4. 農業法人の状況と経営実態

図表 1 － 15　集落営農における任意組織と法人組織の違い

	任意組織としての集落営農	法人化した場合
法人格	なし ○作業受託はできても、農地利用権の設定は不可能 ○安定雇用することも難しい	あり ○農地利用権の設定が可能となる（規模拡大交付金を受給できるようになる） ○青年就農者などを安定雇用することが可能となる
経営判断できる体制	法律に基づかない、メンバーの合意による役員体制 ○合意次第で役員の決定権限は様々であるが、一般的にはメンバーの総意がないと新たな経営判断は難しい ○役員はメンバー内から選ぶしかなく、高齢化が進行した時、役員がいなくなるおそれ	法律に基づく役員体制 ○役員の権限は明確であり、生産物販売先や生産資材調達先の変更など、経営発展・所得向上のための経営判断を役員が機動的に行えるようになる ○役員に職員や外部の人を登用することもでき、組織として継続できる
投資財源の確保	内部留保はできない ○将来の経営展開のための投資財源の確保はできない 組織としての融資や出資は受けられない	内部留保できる ○将来の経営展開のための投資財源が確保できる 融資や出資も受けられる
雇用の確保	難しい ○雇用保険・労災保険などの福利厚生はなく、青年の就職先として適切でない ○農の雇用事業の対象にならない	可能 ○雇用保険・労災保険などの福利厚生が整い、青年を雇用しやすくなる ○農の雇用事業の対象となる

このため、任意組織（非法人）としての集落営農を、法人化に向けての準備・調整プロセスと考え、一定の期間後、法人化を促していくことが重要といえます。

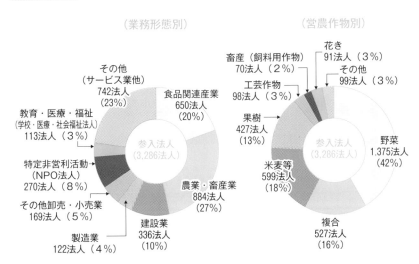

（5）　リース方式による企業等の参入の増加

　平成21年の農地法の改正により、企業等の貸借での参入規制が緩和されました。平成30年には、3,286法人がリース方式で農業に参入しています。平成22年時点では761法人でしたので、約4.3倍となっています。業務形態別にみると、農業・畜産業、食品関連産業、建設業の順に割合が高く、営農作物別に見ると、野菜の割合が42％と高くなっています（　図表1－16　）。

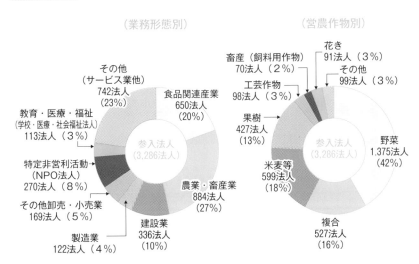

図表1－16　業務形態別・営農作物別の一般法人の参入数

（業務形態別）　　　　　　　　（営農作物別）

その他
（サービス業他）
742法人
（23％）

食品関連産業
650法人
（20％）

教育・医療・福祉
（学校・医療・社会福祉法人）
113法人（3％）

特定非営利活動
（NPO法人）
270法人（8％）

その他卸売・小売業
169法人（5％）

製造業
122法人（4％）

建設業
336法人
（10％）

農業・畜産業
884法人
（27％）

参入法人
（3,286法人）

畜産（飼料用作物）
70法人（2％）

花き
91法人（3％）

工芸作物
98法人（3％）

その他
99法人（3％）

果樹
427法人
（13％）

野菜
1,375法人
（42％）

米麦等
599法人
（18％）

参入法人
（3,286法人）

複合
527法人
（16％）

（注）1）平成30年12月末時点
　　　2）教育・医療・福祉は学校法人・医療法人・社会福祉法人
　　　3）その他卸売・小売業は食品関連以外の物品の卸売・小売業
（出所）農林水産省「企業等の農業参入について」より作成

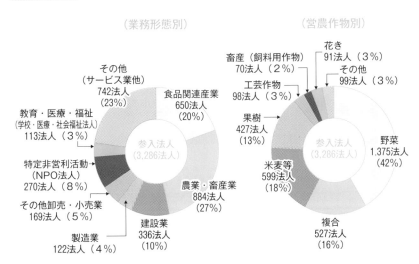

農業法人の経営実態

（1）　法人経営体の雇用

　法人経営体の増大と大規模化の進展により、法人の雇用者数は年々増加傾向にあります。法人経営体のうち、常雇いを雇い入れた法人数は、平成17年の7,903経営体に比べて89％増加し、平成27年には１万4,910経営体、12万2,294人となっています。また、臨時雇いについては、平成27年において１万4,767経営体の法人経営体が雇い入れ、その人数は13万6,650人となっています（農林業センサス累年統計-農業編-（明治37年〜平成27年））。

（2）　作物の類型別作付経営体数と作付面積

　法人経営体の販売目的の作物の類型をみると、経営体数では稲7,640経営体（27％）、野菜類6,543経営体（23％）で過半を占め、作付面積では稲11万6,000ha（44％）、麦類４万2,000ha（16％）で過半となっています（ 図表1−17 ）。このことから、稲は作付面積の大きい大規模経営体が多い傾向にありますが、野菜類は中小規模な経営体が多いといえます。

図表 1 −17　法人経営体の販売目的の作物の種類別作付（栽培）面積と経営体数

法人経営体の販売目的の作物の
類別作付（栽培）面積　千ha

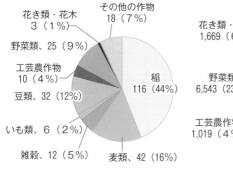

花き類・花木
3（1％）

その他の作物
18（7％）

野菜類、25（9％）

工芸農作物
10（4％）

豆類 32（12％）

いも類、6（2％）

雑穀、12（5％）

稲
116（44％）

麦類、42（16％）

法人経営体の販売目的の作物の
類別作付（栽培）経営体数

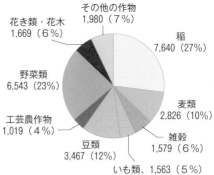

その他の作物
1,980（7％）

花き類・花木
1,669（6％）

野菜類
6,543（23％）

工芸農作物
1,019（4％）

豆類
3,467（12％）

いも類、1,563（5％）

稲
7,640（27％）

麦類
2,826（10％）

雑穀
1,579（6％）

（出所）2015年農林業センサスより作成

第1章　農業法人の経営実態

31

5. 農業法人の拡大に向けた農業政策

　ここで、農業法人数について確認しましょう。

Q 直近の統計で、農業法人数はどのくらいでしょうか?

　　A　1万2,500法人
　　B　2万法人
　　C　2万3,400法人

　答えは、Cです（農業構造動態調査（平成31年2月1日現在）「農作物の生産のみを行う法人経営体」および「農作物の生産と農作業の受託を行う法人組織経営体」)。
　2万3,400という農業法人数について、皆さんはどのように感じるでしょうか。

農業法人数に関する政策の流れ

　政府は、「今後10年間（令和5年まで）で法人経営体数を平成22年比約4倍の5万法人とする」というKPI（キー・パフォーマンス・インデックス。定着度合いを客観的に評価できるようにするための成果指標）を定め、農業法人数の増大に努めています。
　農業法人数を5万法人にするという政策については、平成25年に首

相官邸に設置された日本経済再生本部が作成した「日本再興戦略」の中で示されました。その後、平成26年には5万法人という数字がKPIとして認識され、平成29年から開始された「未来投資戦略」にそのKPIは引継がれています（図表1—18）。

図表1—18　「法人化5万法人」の進捗の経緯

年月	会議・方針名、内容（法人等に関するもの）
平成25年6月	「日本再興戦略」 ☑ 農林水産業の競争力を強化する観点より担い手への農地集積・集約や耕作放棄地の解消を加速化する ☑ 法人経営、大規模家族経営、集落営農、企業等の多様な担い手による農地のフル活用 ➡ 上記達成のため「法人経営体数を平成22年対比約4倍の5万法人とすることを目標」とする
平成26年6月	「日本再興戦略」改定版2014—未来への挑戦— ☑ 今後管理されるKPIとして農業法人数を明確に位置付け ☑ 農業法人数　1万2,511（平成22年）→ 1万4,600（平成25年） ☑ 経営力のある担い手の育成 ☑ 農業委員会・農業生産法人・農協の一体的改革 ➡ 「経営力」という表現を使用 ➡ 「農業生産法人」についての名称、役員、構成要員の見直し
平成27年6月	「日本再興戦略」改定版2015—未来への投資・生産革命— ☑ 農業法人数　1万5,300（平成26年） ☑ 農林水産業の経営力の強化に向けた支援体制の整備 ☑ 農地集積・集約化に向けた取組の加速 ☑ 農林水産物・食品の輸出促進 ➡ 経営力の強化

5. 農業法人の拡大に向けた農業政策

平成28年6月	「日本再興戦略」 改定版2016－第4次産業革命に向けて－ ☑ 農業法人数　1万5,300（平成27年） ☑ 生産性向上を担う経営体の育成・確保 　・経営者に対し学習の場を提供 　・中小企業診断士・税理士など経営専門家による支援 　・産学連携の支援、次世代人材の確保 ➡経営力強化のための経営体の育成
平成29年6月	未来投資戦略2017　－Society5.0の実現に向けた改革－ ☑ 農業法人数　2万800（平成28年） ☑ 経営体の育成・確保のための環境整備 　・地域の経済界と連携し、経営の法人化、円滑な経営承継、経営管理の能力の向上、他産業との人材マッチング等を推進 　・外国人材の活用による人材力の強化 ☑ 外部からの人材・知見の取込み 　・先端技術の橋渡し人材の育成 ➡「農業競争力強化プログラム」（平成28年11月）等に基づく農林水産業の競争力強化の更なる加速
平成30年6月	未来投資戦略2018　－「Society5.0」「データ駆動型社会」への変革－ ☑ 農業法人数　2万2,100（平成29年） ☑ 生産現場の強化 　・経営体の育成・確保 ☑ バリューチェーン全体での付加価値の向上 　・農業競争力強化支援法に基づき流通・加工の構造改革 ☑ スマート農業の実践 　・スマート化を推進する経営者の育成・強化 ➡スマート農業の実践

　農業法人数は、平成22年の1万2,511法人から、1万4,600（平成25年）、1万5,300（平成26年）、2万800（平成28年）、2万2,700（平成30年2月）と推移し、着実に増加しています。しかし、その増加スピードは加速しているとはいえません。未来投資会議（令和元年6月）では、この状況について「目標達成時期が令和5年で、目標達成

期間が10年であるところ、「最新の数値」の時点で5年が経過。法人経営体数は、1万4,600法人（平成25年2月）から2万2,700法人（平成30年2月）まで増加したものの、目標達成に向けては、3万2,300法人まで増加していることが望ましいため、進捗は不十分であり、施策の更なる推進等が必要」と評価をしています。

農業法人増加の背景

日本再興戦略が初めて作成された平成25年6月の「平成24年度 食料・農業・農村白書」では、農業構造の変化について次のように分析されています。

○急速な高齢化の進行と40歳代以下の従業者数の不足
　・基幹的農業従事者の高齢化が進行。
　・平成24年の従業者数は、65歳以上が60％、40歳代以下は10％という著しくアンバランスな状況。

○耕作放棄地の増大
　・耕作放棄地面積は、高齢者のリタイヤ等に伴い、急激に拡大。
　・特に、土地持ち非農家の所有する農地の耕作放棄地が急増、全体の半分を占める。

○集落営農（任意組織）は、法人化への過渡期
　・集落営農が任意組織の場合、法人組織と比べて、経営体制、投資財源や雇用の確保等の面で限界があることから、法人化を促していくことが重要。

○新規就農者は不安定で離農率が高い
　・新規就農者の約3割は生計が安定しないことから5年以内に離農。
　・定着するのは1万人程度。
　・39歳以下の新規就農者のうち新規雇用就農者の割合は増加傾向で推移。平成23年は5,900人（39歳以下の新規就農者数の41％）。また、

　このうちの８割以上が非農家出身者。

　この分析からは、以下の課題２点が浮かび上がってきます。

①高齢化の進行により、耕作放棄地が増加。また、耕作放棄が増加しており、この連鎖を止めるためには新規就農者が必要である。

②新規就農者は経営が不安定で離農率が高く、39歳以下の新規就農者は８割以上が非農家出身であり、雇用の安定と技術習得の場の設置が大きな課題である。

　この課題に対する解決策の１つとして、新規就農者の受け皿となり得る農業法人にスポットが当てられました。日本再興戦略で農業法人の増加という方針が打ち出されたことについては、このような背景があったのではないかと思われます。

法人化に向けた支援

　法人化に向け、都道府県レベルに農業経営相談所（県により名称が異なる場合がある）が設けられ、中小企業診断士、税理士等の専門家やＪＡバンク等の金融機関と連携し、農業経営の法人化、円滑な経営継承、規模拡大等に関する経営相談、経営診断など、支援体制が整備されつつあります。法人化を考える農業者から相談を受けた場合は、この農業経営相談所の利用（注３）も支援の選択肢として考えることができます。

（注３）令和元年度は農業経営法人化支援事業として補助金が設定されている。

予想される今後の方向性

　農業者の高齢化の進行に伴う、耕作地放棄地の受け皿や新規就農者の就農先として、農業法人のニーズが増加する傾向は今後も継続し、その結果、農業法人数の増加は当面続くと想定されます。しかし、

「法人経営体数を平成22年比約４倍の５万法人にする」というＫＰＩ
は、これまでの法人の増加率や農業人口が減少していくという現状か
ら考えると、その達成には困難が予想されます。
　このような状況下、農業法人５万法人というＫＰＩを達成するため
にどのような支援策が出されていくか、注視しなければなりません。

6. 農業法人に関係する農地制度の変遷

農地とは

　農地は農業生産の基盤であり、地域の生活基盤です。農地法のみ、「農地」と「採草放牧地」を区分していますが、それ以外の法律では「農用地」に統一しています。

　また、その土地が農地または採草放牧地のどちらに該当するかは、実際に耕作あるいは採草・放牧のどちらがされているかという現況主義で判断されます。

農地制度の基本的な考え方および法体系

　農地制度の基本的な考え方として、「農地の効率的な利用」「優良農地の確保」「新たな農地ニーズへの対応」の３つが挙げられ、この基本的な考え方に則して、次のような法体系が整備されています。

❶　農地の効率的な利用

　「農地法」、「農業経営基盤強化促進法」、「農地中間管理事業の推進に関する法律」に規定。

❷　優良農地の確保

　「農地法」、「農業振興地域の整備に関する法律」などに規定。

③ 新たな農地ニーズへの対応

「特定農地貸付法（特定農地貸付けに関する農地法等の特例に関する法律）」「市民農園整備促進法」などに規定。

このように、農地制度は、基本的な考え方に基づき、関係する法律が相互に連携して成り立っています。

農地を賃借した農業

平成21年の農地法の改正により、貸借であれば、企業や法人などの一般法人であっても、全国どこでも参入することが可能になりました。

企業や法人などの一般法人の方が、農地を借りて農業をするには、以下の３つの方法があります。

① 農地中間管理機構を活用する方法

農地中間管理機構（農地バンク）が行う借り手の公募に応募し、都道府県知事が認可して公告した「農用地配分計画」により権利を設定する方法（農地中間管理事業の推進に関する法律）があります。農地を借りたい方は、各都道府県の農地中間管理機構が実施している借受公募に応募する必要があります。公募状況については、各都道府県農地中間管理機構のホームページに掲載されています。

また、農業の経営規模の拡大や新規参入を考えている方など、農地を借りたい方は「全国農地ナビ」（注4）を活用して、希望する地域の農地や機構が借り手を探している農地の情報などが確認できます。

② 農業委員会等の許可を受ける方法

個人や法人の方が、耕作目的で農地を貸借する場合には、一定の要件を満たし、原則として農業委員会の許可を受ける必要があります（農地法３条）。

民法の規定により賃貸借の存続期間は20年以内とされていますが、農地の賃貸借については民法の特例として50年以内まで可能です（農

地法19条）。

　賃貸借の期間満了前に更新しない旨の通知（通知には都道府県知事の許可が必要）をしないときは、従前と同一条件でさらに賃貸借をしたものと見なされます（農地法17条）。

　農地の賃貸借契約を解除・解約する場合には、原則として都道府県知事（指定都市の区域内にあっては、指定都市の長）の許可を受ける必要があります（農地法18条）。

❸　市町村が定める「農用地利用集積計画」により権利を設定する方法

　個人や法人の方が、農地を売買または貸借する場合、農業経営基盤強化促進法に基づく農用地利用集積計画（利用権設定等促進事業）を利用する方法があります。

　農用地利用集積計画は、農地の貸し手と借り手の貸借等を集団的に行うため、個々の権利移動を１つの計画にまとめたもので、市町村が作成します。

　農用地利用集積計画により設定された賃借権については、農地法の法定更新の規定を適用しないこととしていますので、賃貸借の期間が満了すれば貸し手は賃貸していた農地を自動的に返還してもらえます。なお、農地の貸し手と借り手が引き続き賃貸借を希望する場合は、市町村が再度、農用地利用集積計画を作成・公告することにより再設定することができます。

　（注４）一般社団法人全国農業会議所のウェブサイト。農地情報公開システム。

農地を所有した農業

　平成27年の農地法改正により、農地を所有できる法人の呼称は「農業生産法人」から「農地所有適格法人」に変更され、認定要件が緩和

されました（要件については**第１章４．**参照）。

　なお、農地を所有するためには、農地等の所在地を管轄する農業委員会の審査を受けることが必要です。また、無事に許可を受けることができたら、毎事業年度の終了後３ヵ月以内に農業の状況を記した農地所有適格法人報告書を農業委員会に提出する必要があります。

ＪＡグループの取組み

　多くのＪＡでは、持続可能な農業・地域を目指して、集落を基本に地域の徹底した話し合いによる「地域の農地は地域で守る」という農地の自主的な管理を実践するため、地域の農地利用集積・集約化の取り組みに積極的な役割を果たしています。

　なお、令和元年の法改正により、ＪＡ等の行っている農地利用集積円滑化事業は農地中間管理事業に統合一体化されることとなりました（農地中間管理事業の推進に関する法律等の一部を改正する法律）。今後は、ＪＡが農地中間管理機構から業務を受託すること等により、引き続き、農地利用調整の相談窓口として機能を発揮していくことになります。

都市農地と2022年問題

　都市農業とは、市街化区域を中心に営まれる農業であり、その面積は全農地の２％程度ですが、農家の戸数や販売金額は全国の１割弱を占めています。

　市街化区域の農地は、昭和43年に制定された新都市計画法により、「宅地化すべき」と位置づけられました。その結果、転用が自由にできる一方宅地並の課税がなされ、農地面積は大幅に減少しました。市街化区域農地の面積は、三大都市圏はもとより、北関東や岐阜、岡山、広島、福岡などに多くなっています。

　近年、都市農業は、新鮮で安全な農産物の供給のみならず、環境面、防災面、福祉・教育面等の多様な領域でその機能を発揮していることを都市住民が高く評価しており、都市農業振興・都市農地保全の必要性が広く認識されてきています。

　このため、平成27年４月に「都市農業振興基本法」、平成28年５月には「都市農業振興基本計画」が成立し、市街化区域農地は、「宅地化すべきもの」から「都市にあるべきもの」へと政策上の位置づけが180度転換されました。

　そして、平成29年４月に成立した改正生産緑地法において、指定後30年を経過した生産緑地を引続き税制上の優遇を確保するため、10年更新の「特定生産緑地制度」が創設されました。

　令和４年（2022年）に、生産緑地の概ね８割にあたる約１万haが指定から30年を迎え、生産緑地の買取りの申し出が可能となるため、都市農地が大幅に宅地等に転用されて、都市農業の縮小と地価の暴落等が懸念されています。これがいわゆる「2022年問題」です。

　特定生産緑地に指定されるためには、30年を経過する日までに手続きを行う必要があります。このため、ＪＡグループでは、現行の生産緑地について可能な限り特定生産緑地として指定を受けて、農業経営を継続できるよう、組合員へ制度の周知等を行っています。

第2章

農業法人経営の
ポイント

1. 農業法人のメリットとデメリット

　農業経営の法人化は、農業をめぐる様々な課題に対応して、農業経営を機動的、戦略的に展開していくうえで有効な手段ということができます。

　ここからは、農業経営を法人化した場合の具体的なメリットとデメリットについて、経営面と制度面の2つの側面からみていきましょう（ 図表2－1 ）。

経営面のメリット

　経営面のメリットとしては、主に次の6点が考えられます。

（1）　経営管理能力の向上

　農家が自らの農業経営を法人化することで、経営者として経営責任を自覚して農業に取り組むようになるなど、意識改革の効果があります。法人化に伴い、これまで代々続いた家業としての農業から転換して、生産や販売を経営戦略に基づいて考えるようになり、家計と経営が分離して経営管理が徹底されるという、いわゆる"ドンブリ勘定"からの脱却が図れます。

		メリット	デメリット
経営面	① 経営管理	・経営責任の自覚が出る ・家計と経営の分離が実現する	・会社設立時の費用負担が発生する ・財務諸表の作成が義務化される ・管理面の費用負担が増加する
	② 対外信用	・財務諸表の作成により金融機関や取引先からの信用が増す	
	③ 経営の拡大	・幅広い人材が確保でき、事業の多角化が可能になる	
	④ 福利厚生	・労働保険・社会保険への加入により福利厚生が充実する ・就業規則の整備等で就業条件が明確化する	・労働保険・社会保険が強制加入になる ・労働保険料の全額負担、社会保険料の企業負担部分が発生する
	⑤ 事業継承	・親族以外の第三者等への承継が柔軟に対応できる	
	⑥ その他	・法人への就職が新規就農の受け皿になる	
制度面	① 税　制	・法人税の有利な節税メリットを享受できる ・農事組合法人の特例がある ・役員の個人所得が給与所得となる ・農業経営基盤強化準備金が活用できる	・新たに法人事業税・法人住民税が課税される
	② 融　資	・融資限度額が個人より拡大する	

（2） 対外信用力の向上

　農業経営を法人化すると、会社法に基づいて財務諸表の作成が義務づけられます。企業会計原則に則って作成された財務諸表は、個人経営での税務申告目的で作成される青色申告決算書に比べて、金融機関や取引先からの信用が増します。

　実際に、法人化したことにより「自社の組織運営が安定したという印象を、取引先にもってもらえるようになった」「従業員の採用がしやすくなった」「土地が借りやすくなった」等の声が聞かれており、対外信用力向上の効果は広範囲にわたります。

　また、会計上、法人経営と個人経営には次のような相違点があります。

・決算期
　　法人経営：企業が自由に決められる
　　個人経営：12月末
・決算書
　　法人経営：企業会計原則に基づく財務諸表
　　個人経営：青色申告の決算書
・貸借対照表
　　法人経営：決算日のすべての資産、負債および純資産を記載。流動、固定等の区分を表示
　　個人経営：純資産勘定はなく、元入金・事業主貸借など。流動・固定の区分がない
・損益計算書
　　法人経営：営業損益、経常損益、純損益を区分する
　　個人経営：営業損益、経常損益、純損益の区分がない

・製造原価報告書

　　法人経営：損益計算書の附属明細表として作成

　　個人経営：作成されない（製造原価と販管費の区分がない）

・その他

　　個人経営：一般企業と同じような財務分析を行う場合、企業
　　　　　　　会計の財務諸表へ組換えが必要になる

（3）　経営拡大の可能性

　従業員が採用しやすくなることで幅広い人材の確保が可能になり、経営の多角化など事業展開の可能性が広がります。例えば、6次産業化や輸出などの取組みでは、加工・流通業界の事情や輸出ノウハウ等に詳しい人材を採用するなど、高付加価値化の取組みの実現性が増して、経営の発展が期待できます。

（4）　農業従事者の福利厚生面の充実

　法人化すると、図表2−2のとおり、労働保険、社会保険の加入が義務づけられ、保険料の法人負担が発生します。しかしながら、社会保障制度が充実することで、農業従事者（経営者自身や家族等も含む）の福利が増進します。雇用環境としても雇用保険、健康保険、厚生年金の各保険料の一部を法人が負担するので、個人経営より従業員に有利になり、従業員が安心して働く環境が整備されて多様な人材の確保につながります。

　また、従業員を10名以上採用すると法人・個人経営を問わず就業規則の整備が義務づけられるため、労働時間や給与制度などの就業条件を明確化することで一層働きやすい環境整備につながるといえます。

1. 農業法人のメリットとデメリット

図表2−2　法人・個人経営における社会保障制度の適用

	従業員 （人）	就業規則	労働保険		社会保険	
			労災保険	雇用保険	厚生年金	健康保険
法人経営	1〜9	△	○	○	○	○
	10〜	○	○	○	○	○
個人経営	1〜4	△	△	△	△	△
	5〜9	△	○	○	△	△
	10〜	○	○	○	△	△
従業員から見た法人の有利性	①従業員数に限らず、労災保険加入 ②従業員数に限らず、雇用保険加入 ③厚生年金に加入し、保険料の半分強を法人が負担（個人経営では厚生年金は任意加入のため、国民年金のみの場合がある） ④健康保険が協会健保となり、保険料の１／２を法人が負担（個人経営では、国民健保で保険料全額を個人負担）					

※○は加入義務、△は任意加入

（5）　事業承継の円滑化

　事業を承継する時の後継者の候補は、個人経営の場合でも法人経営の場合でも、①家族・親族、②役員・従業員、③外部の第三者の３つのパターンが考えられます（　図表2−3　）。

　法人の場合には、②や③の後継者の選択がより対応しやすいということができます。幅広い人材の採用が可能ですので、役員や従業員の中から意欲ある有能な後継者を育成することができ、株式売却の方法など第三者への経営移転が比較的簡便な方法で対応することができます。

　法人は所有（株主）と経営（代表者）が分離した仕組みですので、株主として事業を所有したまま経営を信頼できる従業員等に任せたり、株式は第三者に売却しつつ農業経営は引き続き株主となった第三者からの委託のもとで自身が継続したりすることも可能であり、多様な承

48

図表2－3　事業承継の様々なパターン

継の形が考えられます。

　また、事業承継のタイミングで法人化を行うと、税制を有利に活用することができます。事業承継は現経営者である親世代が元気なうちに、その経営資源の価値を損なわないで後継者に引き継ぐことにあります。そのため、税制では2,500万円の特別控除が認められる「相続時精算課税制度」、農地を生前一括贈与した場合の「贈与税納税猶予制度」など、様々な税負担軽減の優遇制度を設けて早めの事業承継を応援しています。

〈相続時精算課税制度〉

　高齢者が保有する財産を早い時期に次世代に贈与した場合、特別控除2,500万円が認められる。贈与者の死亡で相続が発生した段階で、相続財産に贈与した財産を加算して相続税額を計算することになる。

〈農地の贈与税納税猶予制度〉

　農地の全部等を後継者に一括贈与した場合に、後継者の贈与税納税が猶予され、贈与者等が死亡した場合には贈与税は免除される。この場合に相続税は課税対象となるが、受贈者の後継者が農業を継続する場合は、「相続税納税猶予」（農地を相続した場合の課税の特例）が適用される。

　しかし、経営が大規模化した個人農家で、動産等の資産額が多額になる場合は、どうしても重い納税負担が避けられません。これを、後継者が事業を承継する段階で法人を設立して、動産を売買で購入する方法をとると、売買額を時価評価で行うことができ、結果として節税につながることがあります。

　多額の動産の例としては、畜産農家の肥育牛などの棚卸資産や搾乳牛など生物勘定、トラクター等の保有農機、12月末で未出荷の生産物在庫があるケースなどが想定されます。この場合、現経営者が消費税課税事業者の場合には売買に消費税が課税されますが、売買相手の新設法人が消費税の課税事業者になれば買い入れた資産が課税仕入れとなるので仕入税額控除を受けることができ、課税仕入額が課税売上額を上回る時には消費税が還付されます。

（6）　新規就農の受け皿創出

　新規就農希望者が農業法人に就職することで、初期負担なく経営能力、農業技術を習得できることが可能になり、地域に新規就農を促す効果が期待できます。

　受け入れる農業法人としては、長く就業を続けてもらえる環境を整える必要が生じますが、若い人材が就農することで、地域全体の農業を活性化させる効果が期待できます。農業法人自身も、同じような農業を志す農業者のネットワークが構築できたり、共通の作物で産地形成のきっかけになったりするなどのメリットが期待できます。

　実例として、地元有志が地域の農業生産強化を目的に設立した農業法人において、新規就農希望者を社員として採用し、事業承継につなげた法人があります。この法人では、設立メンバーの高齢化により後継者を探したものの地元に希望者がなかったため、都市部で非農家出身の新規就農希望者を採用し、農地を預けて研修を行いました。そし

て、経験を積んでからその法人の役員となり、事業承継を実現させました。

この法人化は、新規就農者にとっては、知人もいない地域であったにもかかわらず農地探しや初期費用の心配なく就農が実現したこと、譲り手側にとっては、地域の農業生産の維持・強化が図られ、施設や機械が有効に活用されるといった効果をもたらしました。

制度面のメリット

（1）　各種税制

法人化による最も大きなメリットは、税制面で有利な点が多いことです。代表的なものには以下の制度があります。

❶　法人税が適用される

・法人税実効税率のほうが、一般的に個人の所得税・住民税より低い（ただし所得金額により異なる）

中小法人の課税所得1,000万円でみると、法人税等の実効税率は28.2%程度です（令和元年10月以降）。個人の課税所得が同水準の場合には所得税率は33%（所得900万円～1,800万円未満。これに153万6,000円の税額控除がある）で、これに住民税も加算すると40%以上になるといわれます。法人税の税率自体は、中小法人で800万円超部分23.2%、800万円以下部分19.0%です。

・定率課税である

・事業主・家族等を役員として報酬を費用化できる

自家の家計と法人の会計が分離されて、両方で有利な形で納税することができます。

・損金算入の幅が広い

・欠損金の繰越控除期間が10年間（令和元年10月から）

第2章　農業法人経営のポイント

51

1. 農業法人のメリットとデメリット

　個人経営では３年間であるのに対して、法人では原則として10年間（令和元年10月以降適用）まで認められます。事業再生などで長期的・計画的に経営改善・再建を図る場合には、まず不良資産等を思い切って処分して赤字の膿を出し切り、翌期以降の利益が繰越控除の範囲内で課税されない期間中に財務改善を実現していく手法等として活用されます。

❷　**農事組合法人の特例がある**

　・農業に対する事業税が非課税

　・（同族会社の）留保金課税の適用がない

　・従事分量配当等の損金算入ができる

❸　**役員の個人所得が給与所得となる**

　・給与所得控除が受けられる

　・世帯主の控除から配偶者控除・扶養控除が受けられる

❹　**農業経営基盤強化準備金が活用できる**

　・農用地・農業用固定資産取得の際に圧縮記帳（注5）が可能（原則として、認定農業者である個人、農地所有適格法人が対象。本来減価償却ができない農用地取得でも可能）

　なお、法人住民税・法人事業税など法人になって新たに課税される税もあります。法人住民税では、法人税の金額に対して課税される法人税割と、法人住民税の対象法人が均等に支払わないといけない均等割りがあり、均等割りは赤字でも課税されるなど、一部には負担増となることに留意する必要があります。

　（注5）交付金により取得した農業用固定資産の帳簿価額を一定額まで減額し、その減額分を必要経費（損金）に算入することにより、その年（事業年度）の課税事業所得（所得）を減額する方法。

図表2－4　主な制度資金の限度額

融資機関	資金名	法人	個人
ＪＡ等	農業近代化資金	2億円	1,800万円
日本政策金融公庫	スーパーＬ資金	10億円	3億円
	経営体育成強化資金	5億円	1億5,000万円
	農業改良資金	1億5,000万円	5,000万円

（2）　有利な制度資金の活用

　法人の対外信用力が高いことを踏まえて、資金調達の際に活用できる制度資金の多くは、個人より法人の融資限度額を高く設定しています。例えば、農業経営基盤強化資金（スーパーＬ資金）の融資限度額は、個人農家は3億円であるのに対し、法人は10億円です（ 図表2－4 ）。

（3）　農地取得の負担軽減

　法人の農地保有については、平成11年に食料・農業・農村基本法が制定されて主要な農業の担い手として法人が位置づけられて以来、農地法改正により法人の農地保有の要件が徐々に緩和されてきました。

　農地所有適格法人は、構成員・議決権や役員の要件をさらに緩和して、より法人が農地を取得・保有しやすくなるよう措置されています。

　また、農地所有適格法人の農用地取得について農業経営基盤強化準備金の圧縮記帳が可能となっていること、農地中間管理機構が事業で買い入れた農地等を法人に現物出資できるなど、農業法人の育成・農地取得の負担軽減のための支援制度が整備されています。

（4） 集落営農法人に対する様々なメリット

　集落営農には、農地の面的利用集積、地域農地の保全管理、担い手の確保、コスト削減、地域の活性化などのメリットがあるとされています。さらに、任意組合などの営農組織を法人経営に転換した場合には、次のような様々なメリットが期待できます。

❶　経営上のメリット

　・役員の権限が明確になり、経営判断を役員が機動的に行うことができる

　・役員に外部人材や職員からの登用が可能となり、経営の継続力が増す

　・対外信用力の向上で、農地の取得・賃借等がしやすくなる

　・職員の雇用や新規就農者の受入れがしやすくなる

　・生産物の品質統一、ブランド化等に取り組みやすくなり、有利販売につながる

❷　制度上のメリット

　・経営所得安定対策等の補助金が受給可能（任意組織では不可）

　・経営所得安定対策の交付金等に、経営基盤強化準備金（税制の特例措置）の利用が可能

　・経営基盤強化準備金の圧縮記帳等で、土地取得や農業機械更新を有利に行うことができる

　・社会保障制度により、職員の雇用がしやすくなる

　経営所得安定対策交付金等の受給が可能となるなどの制度面のメリットに加えて、経営の権限と責任が明確化され、外部の有能な人材も採用しやすくなって機動的な経営が実現することで、地域の農業生産力の一層の向上が期待できます。

経営面のデメリット

　法人経営のデメリットとして認識しておく必要があるのは、最低限の経営管理のための負担が増加することです。法人設立時の一時的な費用のほか、毎年度の財務諸表作成や税務申告等の作業負荷、その対応を税理士等の専門家に依頼した場合の実費負担、あるいは社会保険料の企業負担部分などがあります。

❶　設立時の負担

・会社設立費用等（30万円程度）

❷　税務面

・法人税の他、法人事業税、法人住民税が新たに課税

・法人化等に伴って個人の農地等を譲渡・移転した場合に発生する、個人への譲渡所得税

❸　経営管理面

・企業会計の財務諸表の作成義務づけ

・税務実務等を税理士に依頼した場合の費用

・従業員がいる法人は、社会保険への強制加入

・労災保険料の全額、および雇用保険、厚生年金、健康保険（含む介護保険）の各保険料の会社負担

　法人化すると、労働保険（労災保険、雇用保険）、社会保険（厚生年金、健康保険（介護保険を含む））の加入が義務づけられることで従業員の福利厚生が充実し、それに伴って人材を採用しやすくなることは前述のとおりです。もっとも、これらの保険料は、個人経営の場合よりも負担が増すこととなります。個人経営では任意加入であった厚生年金や健康保険、従業員5人未満の場合に任意加入の労災保険や雇用保険が、いずれも法人では加入を義務づけられ、それに伴う保険料の法人負担が発生します（　図表2-5　）。

図表2−5　法人の加入義務のある社会保険料等の法人負担

種　別	法人の負担割合
労災保険	法人100%負担
雇用保険	法人と従業員で負担するが、法人の負担が大きい（法人7/1,000、従業員4/1,000）
健康保険（協会けんぽ）	法人と従業員が折半で負担（注）
介護保険	同上
厚生年金	法人と従業員が折半で負担するが、法人のみ「子供・子育て拠出金」が上乗せされる

（注）個人経営の従業員が国民健康保険に入る場合は100%個人負担

　これらは経営を法人化して新たな成長を目指していく場合の前向きな費用ですが、実際に費用負担が増加することはあらかじめ認識しておく必要があります。

税務面のデメリット

　税務面では、新たな税が課税される、管理負担が増加する等の側面があるとともに、損金算入の範囲が広いことが企業収支上ではデメリットになる場合があり得ます。

　事業主と家族等を法人の役員とすることでその報酬を費用として損金算入できることは税務上のメリットの1つですが、これを企業収支で考えた場合には、青色申告決算書で表に現れなかった本人および家族給与が費用として顕在化するといえます。事業承継のタイミングで法人化を組み合わせると贈与税等の節税につながることは前述のとおりですが、事業承継とともに法人化して節税に成功したものの、その後少し高めに設定した役員報酬の負担等で収支のバランスを崩し、さらに数年続けての天候不良の影響で赤字を出して債務超過となった法人の事例もあります。

事業承継も法人化も今後の経営拡大や事業の成長に向けた手段の1つであって、それを節税目的だけで行うのは手段と目的を取り違えた対応といえるでしょう。

法人化の考え方

　経営の法人化は、あくまでも経営強化の手段です。現在、国は産業としての農業の競争力を強化して再び成長産業として飛躍できるよう、経営の法人化を推進して様々な支援措置を講じています。しかし、その支援措置の目先のメリットに着目するだけでは長期的に農業の経営力を強化したことにはなりません。自らが行う農業の将来像を見据えつつ、法人化のメリットとデメリットを総合的に点検して、必要な場合に適切なタイミングで法人化に取り組んでいくことが重要です。

　言い換えれば、法人化に伴う負担増を吸収してでも一層発展・成長していこうという場合、あるいはすでに一定の事業と所得の規模を有する経営を実現していて、さらに経営の強化を図ろうとする場合などに、法人化を行っていくという考え方が必要であるといえます。

2. 法人経営の課題と対応策

法人経営の特徴と課題

（1） 法人経営の特徴

　第2章1．でみたように、農業経営の法人化は、それに伴う負担増を吸収してでも経営を一層発展・成長していこうという場合、あるいは、すでに一定の事業と所得の規模を有する場合に踏み切るべきといえますが、現在すでに法人化している農業法人の経営はどのような特徴を有しているのでしょうか。

　公益社団法人日本農業法人協会では、毎年、会員の経営状況を「農業法人白書」に公表しています。同白書によれば、調査に回答している会員農業法人の平均的な姿は、以下のようになります（日本農業法人協会「2016年度 農業法人白書」より作成（1,018会員からの回答））。

　・設立からの平均経過年数は28.7年

　・会社形態は、有限会社と株式会社で81.3%を占める

　・経営者の52.4%が50〜60代で、平均年齢は60.3歳（農家平均は66.6歳）

　・業種は稲作33.3%、野菜23.6%、その他耕種22.7%、畜産19.5%等

　・経営規模は稲作で平均53.4ha（農家平均1.7ha）、畑平均27.4ha（農家平均1.6ha）等

・売上規模の平均は３億140万円。１億円超～３億円が32.9%を占める

（2）　法人経営者が考える自社の経営課題

　前述の平均的な農業法人の姿から、農業法人経営者は全国の農業従事者の平均66.6歳（農林水産省「農業構造動態調査」平成30年）を下回って相対的に若いことがわかります。また、経営面積が年々拡大しており、売上高の大きな法人が増加しています。

　その農業法人経営者が考えている、自社の主要な経営課題は、図表2－6のとおりです。ＴＰＰ等への対応をにらんだ生産性の向上、コスト削減、生産物の品質向上など生産面の課題が上位を占め、その他、６次産業化の製品等の販路開拓、社員・後継者の育成、経営管理能力の向上等の課題が挙げられています。

（3）　政策提言・要望事項からみた経営課題

　農業法人の経営課題を、法人経営者が提起している政策提言・要望の観点からみると 図表2－7 のとおりですが、資材コスト低減がトッ

図表2－6　農業法人の主な経営課題

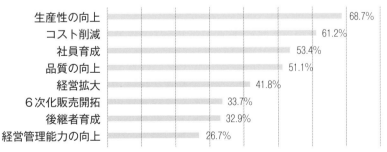

生産性の向上　68.7%
コスト削減　61.2%
社員育成　53.4%
品質の向上　51.1%
経営拡大　41.8%
６次化販売開拓　33.7%
後継者育成　32.9%
経営管理能力の向上　26.7%

0.0%　10.0%　20.0%　30.0%　40.0%　50.0%　60.0%　70.0%　80.0%

（出所）日本農業法人協会「2015年度 農業法人白書」より作成

2. 法人経営の課題と対応策

図表2－7 法人経営者が提起している政策提言・要望

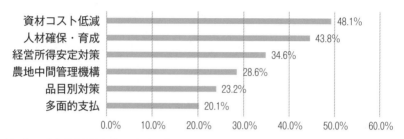

（出所）日本農業法人協会「2016年度 農業法人白書」より作成

プ事項として挙げられていることに留意が必要です。

　資材コスト低減は特に稲作・畜産の法人からの要望が多く、人材確保・育成は野菜・その他耕種農業の法人から多く出されています。

（4）　農業法人の経営環境面からの課題

　最近の社会的な動きや農政の動向等、農業法人の経営環境の面からも、対応を急ぐ必要のある重要な経営課題が挙げられます。

❶　農業の対外競争力・稼ぐ力の強化

　ＴＰＰは、アメリカが離脱したものの残る11ヵ国で平成30年12月に発効し、関税の引下げ等によって着実に国内農業に影響を与えることが懸念されています。

　政府はこの対策として、前述したように、農業競争力強化支援法施行により農業資材価格引下げなどの業界努力を求めるとともに、農業・地域の活力創造を掲げ、「農業者等が経営マインド（経営感覚）をもって生産コストを削減し収益の向上に取り組む」として、農業法人を５万社とする目標等を打ち出しています（第１章5.）。

❷　食の安全・安心への社会的期待の増大

　食品事故や輸入食品残留農薬問題などの発生の都度、食の安心・安

図表２－８　農業と労働基準法

1	適用事業所	１人でも労働者を雇い入れていれば、法人・個人経営を問わない
2	労働者の定義	①事業または事務所に使用される者、かつ②労働の対価として賃金を支払われる者
3	農家の家族	家族でも、上記２①と②が、他の労働者と同じ扱いであれば労働者になる
4	適用の除外	・労働時間（１日８時間等） ・休憩（８時間で１時間等） ・休日（１週間に１日） ・割増賃金（残業＋25％、休日＋35％）
5	適用除外にならない	・深夜残業の割増賃金（＋25％） ・年次有給休暇 ・外国人技能実習生の労働条件

全への対応が叫ばれてきましたが、2020年の東京オリンピック・パラリンピック開催や農産物の輸出対応上の必要性等から、農業における
Ｇ Ａ Ｐ認証（注6）の取得が推奨されています。またこれに呼応して、大手ＧＭＳ等（注7）が仕入先農業法人・農家にＧＡＰ認証取得を求める動きが広がっています。

　さらに、原則として令和３年からすべての食品業界にＨ Ａ Ｃ Ｃ Ｐ衛生管理（注8）の導入が義務づけられたため、６次産業化で加工や流通に取り組む事業所でもＨＡＣＣＰへの対応が求められています。

❸　働き方改革への対応

　働き方改革は、農業でも対応が求められています。農業は農繁期と農閑期があるため、労働時間・休憩・休日等の対応は労働基準法の適用除外とされていますが、その場合でも有給休暇の取得、深夜残業、外国人実習生の扱いは従来から対象外ではありません（ 図表２－８ ）。

　農業でも、働き方改革の精神である「長時間労働の是正、多様で柔軟な働き方の実現、雇用形態にかかわらない公正な待遇の確保」の考

え方に沿って、適切な就業が行われている職場でなければ、社員の採用や定着に支障が出かねません。

　同様に、家族労働においても、定期的な休日の取得等が求められています。

④　輸出等

　海外への輸出、あるいは将来は海外生産に挑戦したい等の理由で経営を法人化した農業法人も少なくありません。海外で日本の生産物の評価が高まっていることを好機として、政府も「農林水産物の輸出1兆円」を目標に掲げて様々な支援策を打ち出しています。

⑤　スマート農業への対応

　様々な産業の分野でIoT、ドローン、ロボット、自動運転などの活用が進められています。農業の分野でも、稲などの生育状況の監視やハウス内温湿度の自動制御、複雑な形状のほ場での農薬散布、トマト・イチゴなどこれまで難しいとされていた収穫作業のロボット自動化、農作業補助ロボットによる作業負荷の軽減、トラクターの自動運転などの取組みが始まっていて、生産性向上やコスト削減、人手不足などの課題を劇的に改善する効果が期待されています。

農業用ドローンの例

（注6）農業生産工程管理（Good Agricultural Practice）。農業において、食品安全、環境保全、労働安全等の持続可能性を確保するための生産工程管理の取組みのこと。
（注7）総合スーパーの俗称（General merchandise store）。日常生活に必要な物を総合的に扱う、大規模な小売業態。
（注8）食品規格委員会から発表され国際的に認められた衛生管理手法（Hazard Analysis and Critical Control Point）。食品等事業者自らが食中毒菌汚染

や異物混入等の危害要因を把握し、それらを除去・低減させるために特に重要な工程を管理して製品の安全性を確保するもの。

経営課題への対応策

農業をめぐる内外の環境変化を踏まえて、農業法人の経営課題には次のような対応策が考えられます。

（1）　生産性の向上、生産コスト削減

法人の経営では、財務諸表の作成などで毎年の経営成績が明らかになるため、財務分析手法などを活用して収益やコストの状況を分析することで、生産性の改善に取り組みやすくなります。

農業法人で売上規模が3〜5億円になると、農業従事者1人あたり売上高の伸びが大きくなるとの統計もあり、これは法人化して経営規模を拡大しながら生産性向上を図っている経営努力の結果といえるでしょう。

❶　生産性指標の把握

財務面から簡易に生産性を把握する指標として、農業従事者1人あたりの生産高、単位面積（反＝10a）あたり生産高、単位時間（週や月など）あたり生産高などがあります。農業は労働集約型の産業ですから、売上高人件費率や付加価値額労働分配率なども有効な指標となります。

また、売上高材料費率も損益分岐点分析における売上高変動比率（1から差引きすると限界利益率になる）に準じる比率として、損益分析に活用しやすい指標です（　図表2−9　）。

これらの指標の毎年度の推移を把握して、同業他社等と比較する、あるいは作物別に算定できるようになれば、より活用範囲が広がって効果的です。

第2章　農業法人経営のポイント

63

図表2-9　財務面からの生産性算定指標

①	農業従事者1人あたり生産高	=	生産高	÷	農業従事者数
②	単位面積（反＝10a）あたり生産高	=	生産高	÷	生産面積(a)×10
③	単位時間（週や月）あたり生産高	=	生産高	÷	作業時間
④	売上高対人件費率	=	人件費	÷	売上高
⑤	付加価値額労働分配率	=	人件費（雇人費）	÷	付加価値額(※)

※付加価値額＝経常利益＋人件費＋金融費用＋賃借料＋税金＋減価償却費

⑥	売上高材料費率		=	材料費(※)	÷	売上高

※材料費＝種苗費＋肥料費＋農薬費＋諸材料費など

　また、法人化を予定している個人農家が、それまでの青色申告書を企業会計の決算書に準じて組替えを行い、財務分析を実施して生産性などを把握しておくと、法人化後の経営課題が明確になって法人化に弾みがつく効果が期待できるでしょう。

❷　生産性向上対策

・作業日報の記入

　生産性向上のために重要なのは、作業日報を毎日必ずつけることです（ 図表2-10 ）。作業日報の作成は、作業手順の見える化や作業ごとの材料費・労務費等の把握を通じて、作業標準の整備や作業工程ごとのコスト把握につながります。法人それぞれの農業の形態に沿って様式を工夫して、作成することが望まれます。

・工程図の作成

　作業手順に沿って作業単位ごとに分解した工程図を作成し、工程管理を導入することも生産性向上の一手です。

　工程図では、作業日報をもとに作業単位ごとの必要な労働工数（○

図表2－10　作業日報の例

No.			

【作業記録簿】（2019年）

ほ場番号：1	（面積：	○○a）
	管理開始：　　　年　　月　　日	

栽培・収穫の記録
凡例【　　　　】

月　日	品　目	記　号	作業内容	作業分量	備考（時間）
1月1日			堆肥		
1月2日			耕耘		
1月3日			マルチ		
1月4日	野菜1		播種　種苗1		
1月5日	野菜2		播種　種苗2		
1月6日	野菜1		播種　種苗1		
1月7日			トンネル張り		
1月8日			収穫開始		
1月9日			撤去		

図表2－11　工程分解図の例（生産工程ごとの作業工数と投入資材量）

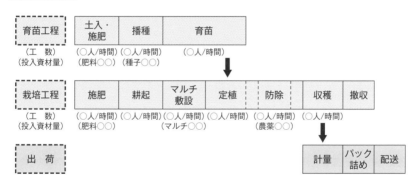

人／日等）、投入する肥料・農薬・資材量を明らかにします（図表2
－11）。作業日報を作成していない場合でも、経営者の頭の中にある
経験値等から一定の数値を置くことで試行的に開始し、翌期以降は実
績値に入れ替えて精緻化を図っていくことも可能です。

　工程図が作成できれば、作業に必要な人員数や資材量を事前に把握でき、計画的な人員配置や資材発注の適正化による経費抑制が可能となります。また、工程ごとに標準的な作業時間や資材量を定めて毎年の実績と対比することで要改善点がわかるため、必要な改善対策が打ちやすくなります。

　この工程管理をさらに進めて、管理会計の分析手法で工程別収支を把握したり、作物別の限界利益を把握して採算の合わない栽培作物の入れ替えを行ったりするなどの対応も可能になってきます。

❸　コスト削減の取組み

　生産性向上とコスト削減は表裏一体の関係です。前述の工程管理のなかで労務費や材料費を適正な水準へ削減することができます。スマート農業の導入により、ほ場管理や農作業を自動化して、生産性向上とコスト削減を同時に進める効果も期待されています。

　また、機械や生産施設等の減価償却費は代表的な生産コストですので、投資が過大とならないよう長期的視点で計画的な設備投資を行うとともに、現有設備の稼働率アップの観点で作業請負等の営業努力も重要といえます。

（2）　消費者に支持される農業生産

　生産物の品質をしっかりと確保して消費者に支持される農業生産を実現することも、農業法人の重要課題といえるでしょう。

❶　適正な品質管理の実施

　農業において、土づくりが重要となるという点は、経営を法人化しても変わりません。肥料・農薬の適正な選択と使用、病気や害虫への対策などをマニュアルで見える化し、従業員に徹底していく教育訓練等が法人経営でも不可欠な対応となります。

　また、収穫適期の生産物の選択基準と収穫物の取扱い、ＨＡＣＣＰ

の一般衛生管理の視点も踏まえて、選果から包装・出荷までの作業場の整理・整頓、出荷待機分の保管場所での温度管理なども欠かせません。消費者目線でバイヤー等からチェックを受けても問題点がないよう、作業環境の整備に日頃から取り組む必要があります。

❷　食の安全・安心への対応

　GAP導入の必要性は、大手GMS等が農産物仕入先に導入を求める動きもあり、東京オリンピック・パラリンピック開催後も変わらないとみておく必要があります。また、HACCP対応の義務化では、6次産業化の事業者はもとより、それら事業者に原材料を提供する生産者においても最低限一般的衛生管理を念頭に置いて出荷対応を行っていく必要があります。

　GAP認証を申請する場合、農薬・肥料の管理等事業所の作業環境の見直し、従業員への教育訓練の徹底、審査対応などの負担があります。また、認証取得後も毎日の対応記録整備などの作業負荷がかかりますが、不可欠な対応として取り組んでいくことが必要です。記録整備として専用アプリの活用、団体認証申請に参加して個々の負担軽減を図るなどの対応も考えられます。

❸　マーケティング戦略を意識した販売対応

　経営の法人化に伴って一般企業の経営ノウハウを農業経営に導入する場合、特に重要なのがマーケティング戦略です。消費者ニーズを常に把握してマーケットイン（消費者のニーズに合わせた供給を行うこと）で生産を行い、販売方法によっては自社で適正な価格設定を考えていくなどの対応は、従来の農業生産ではあまり意識されていなかった課題といえます。自社独自あるいは地域共同でのブランド化や、6次産業化により生産物の高付加価値化を図る取組みとともに、消費者との対話を重視して、クレームなどにも適切に対応できる体制を整えていく必要があります。

　生産規模の拡大とともに自社で直接販売に取り組む農業法人も想定されますが、直接販売には相応の供給責任や価格変動等のリスクを伴います。どうしても直接販売を志向する場合には、必要な対応の考え方と具体的対策を先に決めてから取り組みます。

　自社の人員体制等に制約がある法人では、生産面など得意分野に特化して販売面のリスク管理はＪＡと連携するなど、ＪＡの側から積極的に指導を行っていくことも必要になります。

（3）　適切な人的資源管理の実施

　経営の法人化の目的の１つは、従業員を採用しやすくすることです。法人化に伴ってパート・契約社員や正社員の採用、あるいは外国人実習生の受入れがしやすくなったといった実例もあります。

　また、従業員の採用に伴って、人的資源管理が重要となり、従業員満足度の高まりは生産性向上をもたらす効果があります。その一方で、せっかく採用した正社員等の離職率が高いといった課題も指摘されています。対応として、毎日の作業ミーティング、希望に応じた部門配置、ジョブローテーション等を試みながら、長期的な視点での人材育成の仕組み、公正な勤務評価に基づく給与制度の構築などが考えられるでしょう。

（4）　リスク管理経営

　経営を法人化しても、急激な気候変動の影響等、農業特有のリスクの影響は免れません。法人化を機会にリスク管理を常に意識した経営へ転換して、その対応体制を強化していく取組みも重要な課題となっています。

❶　生産・販売面のリスク管理

　生産面では、自社のほ場環境で想定される気候変動等のリスクを踏

まえて、災害に強い丈夫な作物を基幹作物としつつ、災害には弱くて
も高価格化が期待できる作物を、リスク許容限度の範囲内で組み合せ
るといったように、「作物ポートフォリオ」の考え方で栽培作物を選
択していく対応が考えられます。

　スーパーや加工工場との契約栽培で直接販売を行う農業法人の事例
では、自然災害等で責任供給量を確保できない場合には、不足分の確
保やその価格についてリスクを相互に折半する契約内容としています。
また、万一の場合に生産量を補完できる遠隔地の農業法人とのネット
ワークを構築したり、自社のほ場を緯度や海抜高度などに沿って分散
する等の対応を行っています。

❷　収入保険制度

　平成31年1月から導入された収入保険制度では、最低限青色申告等
の経営管理能力を有していることが加入の条件となっています。法人
では毎年の財務諸表作成等が行われることで、この条件への対応体制
が整備されていますので、有利といえます。

（5）　経営管理の重要性

　日頃から自社の経営実績を把握・分析して課題を確認することが重
要で、そのための体制の整備も必要となります。

　最低限、毎日の経理処理は自社で対応し、毎月次試算表を作成でき
るようにするとともに、そのデータに基づいて自社の経営状況を分析
して機動的な経営判断が可能となるよう管理会計の手法を導入するこ
とが望まれます。当然事務負担の増加があるので、ＩＴ化・ＰＣ使用
や会計ソフトの導入は最低限必要な対応となります。

　管理会計の導入例として、作物別収支を把握して戦略的に栽培作物
の入れ替えを行い、その際にリスク管理の視点も織り込んだ作物選択
も可能とする対応があります（　図表2−12　）。

2. 法人経営の課題と対応策

図表２−12　作物別収支の例　　　　　　　　　（単位：千円、％）

作　物		野菜１	野菜２	野菜３	野菜４	合　計
売上高(正味)		5,300	2,500	360	950	9,110
材料費1 (栽培記録 から)	種苗	56	20	101	69	246
	肥料	450	175	108	30	763
	農薬	78	140	73	39	330
	資材他	424	270	93	57	844
材料費合計		1,008	605	375	195	2,183
限界利益		4,292	1,895	-15	755	6,927
付加価値額		3,310	1,400	-40	610	5,280
人件費（直接）		1,210	460	120	205	1,995
労働分配率		36.6%	32.9%	-300.0%	33.6%	37.8%
配分固定費		3,057	1,442	208	548	5,255
貢献利益		25	- 7	-343	2	-323

野菜２は、貢献利益は赤字だが、限界利益は黒字を確保しているので、栽培を継続する

野菜３は、限界利益が赤字なので栽培作物の入替えを検討する

※作物別の限界利益、貢献利益を把握することで、機動的な作物の入替えを行うことが可能となり、全体収支の改善につながる

（6）　その他経営課題と相談先

　資金調達やその他経営課題など、悩みのない経営はありません。大企業が参入した農業法人でも、自社のみですべての経営課題に対応していくことには限界があります。

　多様なネットワークを構築して情報収集や相談できる先をもつことが法人の経営上不可欠ですが、農業法人白書によれば、農業法人にとっての経営課題の相談先の現状は 図表２−13 のようになっています。ＪＡに積極的に相談していただけるよう信頼関係を構築して、相

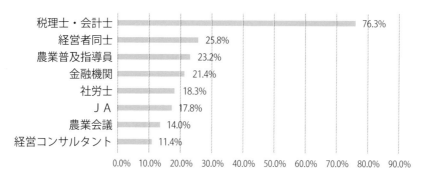

図表2－13　経営課題の相談先

税理士・会計士	76.3%
経営者同士	25.8%
農業普及指導員	23.2%
金融機関	21.4%
社労士	18.3%
ＪＡ	17.8%
農業会議	14.0%
経営コンサルタント	11.4%

0.0%　10.0%　20.0%　30.0%　40.0%　50.0%　60.0%　70.0%　80.0%　90.0%

（出所）日本農業法人協会「2015年度　農業法人白書」より作成

談率を引き上げたいものです。

3. 農業法人の事業性評価

事業性評価とは

　金融庁は、平成26事務年度以降、「事業性評価」に基づく支援を重点施策として掲げており、取引先の事業性に着目し対話を重んじた金融機関の対応に注目が高まっています。

　事業性評価とは、金融機関が、財務データや担保・保証に必要以上に依存することなく、借り手企業の事業の内容や成長可能性などを適切に評価することであり、金融庁は、金融面の支援となる融資だけでなく適切な助言を行うことを求めています（注9）。

　このような動きの背景を理解するためには、平成28年9月に金融庁が公表した「金融仲介機能のベンチマーク」について知っておくことが有用です。

　金融仲介機能のベンチマークでは、各金融機関は、これまでの担保・保証によるものではなく、取引先の事業の理解に基づく融資や経営改善等に向けた支援を行うこと、そしてその取組みを開示することが求められています。これを受けて、現在、各金融機関では事業性評価による企業支援の取組状況を開示しています。ぜひ、皆さんがいま所属しているJAと同じ地域にある地銀、信金、信組等のホームページで、どのような金融仲介機能のベンチマークによる取組みがされて

いるか見てみることをお勧めします。

（注9）金融庁「平成26事務年度金融モニタリング基本方針」

農業法人の事業性評価手法

　今後、農業法人の増加が想定されることは前述のとおりですが、農業法人の事業性評価はどのように考えればよいのでしょうか。

　ここでは、家族経営から法人化をした直後の、比較的小規模事業者に近い農業法人の事業性評価をみていきましょう。事業性評価にあたっては、①計画、②管理体制、③経営者の3点を重視する必要があります。

（1）　計画

　ここでは、「当社のもつ強み」「企業ドメイン（誰に、何を、どうやって儲けるか）」、「経営計画（5年間の事業計画）の作成プロセス」に注目します。

❶　当社のもつ強み

　農業法人の強みについては、経営者本人が気づいていない場合がしばしば見受けられます。そのため、JA職員として他の農業者・農業法人と比較し、客観的な視点から強みについてアドバイスを行うことは有用です。強みの例としては、生産技術はもちろんのこと、信用、耕作面積、仲間、後継者、法人組織、取引先、営業力、地域との連携等があります。

❷　企業ドメイン（誰に、何を、どうやって儲けるか）

　これは、事業性評価の基本ともなる要点なので、経営者への丁寧なヒアリングが求められます。ヒアリングにあたっては、その農業法人の「強み」とともに「誰に、何を、どうやって」の具体策がリンクしているかどうかを意識しながら進めることが大切です。

❸ 経営計画（５年間の事業計画）作成のプロセス

　事業計画作成のプロセスとは、経営者の頭にある計画を他の人にもわかるように紙に落とす作業のことです。一連の流れについて、事例でみてみましょう。

〈事例〉

　最近法人化したＡ農業法人は銘柄米の産地にあり、個人経営時代は稲作を中心に事業を拡大してきました。６次産業化による多角化を志向しており、今なら玄米パンの製造機械が補助事業で安く入手できることから、玄米パンの製造・販売事業を新規事業として立ち上げることを検討しています。新規事業の立ち上げにあたり、Ａ農業法人の経営者から、ＪＡ担当者に事業性評価による事業計画の評価を求められています。

　提出された事業計画書には、売り上げが毎年５％の割合で増加、それに比例する形で、利益も５％ずつ増加するとあります。

　農業法人から経営計画の提出を受けた場合、得てして事業計画書の数字に目がいきがちです。事例のケースでは、売上増の根拠や、５％増加の理由などを追及する方が多いでしょう。しかし、事業計画書を見るにあたっては、数字等を検討する前に、強みと企業ドメインの関係（リンク）を確認することから始める必要があります。もっとも、強みはこれまでのＡ農業法人の培ってきたことの中にあり、突然現れるものではありません。そのため、事業性評価においては、組織の強みである点を確認するために、これまでの経営の取組みについて、経営者と直接対話することから着手することになります。

〈A農業法人経営者へのヒアリングより〉

　これまでは、おいしい米を作るために、周囲の農家と一緒に技術を磨いてきた。今では「当社の米はおいしい」と近隣から高い評価を得ている。また、当地は銘柄米の産地として雑誌に載るなどして、有名な銘柄米の産地として認識されるまでになっている。

　このようなヒアリングを通じて、A農業法人の強みは、"おいしい銘柄米を作る高い技術力"と"有名な銘柄米の産地にほ場が位置すること"と整理できます。

　次に、この強みと玄米パンの製造がリンクするかを検討します。その結果、おいしい米の生産技術や銘柄米の産地という強みがあるからといって、おいしい玄米パンが製造できるとは考えにくいとなれば、強みと新規事業の関連（リンク）は弱いと評価することになります。

　A農業法人の社長は、玄米パンの製造機械が補助金の対象となり安く入手できるとも言っていますが、機械を持っているだけでは製造に関する技術がありませんから、新規事業の計画そのものについての見直しをアドバイスする必要があるでしょう。

　事業性評価においては、事業計画書を精査する前に、その事業が組織のもつ強みに基づく事業であるかを評価することがポイントです。アドバイスする際には、「こんな計画ではだめだ」などと頭から否定するのではなく、何をすれば計画が達成できるかという視点でアドバイスを行います。このようなスタンスで臨むことで、農業法人との信頼関係を築くことができます。

　A農業法人の場合であれば、例えば「玄米パンを製造する技術」の調達ができれば、強みと新規事業のリンクが強まるかもしれません。そこで、「おいしい玄米パンを作る技術が調達できるのであれば、そ

の費用を踏まえて事業計画書を見直しましょう」というように、ポジティブなアドバイスを行います。

　強みは突然に現れることはないのですが、外部から調達することができる場合があります。ここでは、おいしいお米からおいしい玄米パンを製造する技術という強みが加われば、強みと新規事業の相乗効果が増すことになります。

（2）　管理体制

　管理体制については、①試算表の作成、②計画の進捗を管理する仕組みの有無、③計画の見直しの３点を押さえていきます。

❶　試算表の作成

　試算表とは、一定期間の法人の経営状況を示すものです。人間が体温計で体温を測ることで自分の健康状況を知るのと同様に、法人の経営状況を把握するための必要なツールといえます。

　よく、「経営がうまくいかない法人は、決算書の作成を決められた期限内にできない」という特徴があるといわれます。このような法人の多くは、試算表も作成していないことが多いようです。

　事業性評価の際の計画の精査は大切ですが、計画はあくまで予測であり、ビジネス環境の変化が急速に進む近年ではその変化を計画に織り込むことが難しく、計画の上ぶれ、下ぶれは避けることができません。そのため、事業性評価においては、計画を管理するための試算表を作成する体制について確認をします。

　試算表の作成について確認するポイントは、次のとおりです。

　☑ 試算表で管理する（すべき）項目

　　試算表に形式はありません。法人独自に自由に定めることができ、経営者として管理する（すべき）項目を定めて試算表の内容を決定します。よくある管理項目の例としては、売上高、売上原価、営業

利益、経常利益等があります。また、各業種により注視すべき指標があるので、それを試算表に載せます。

☑ 作成者

法人の規模にもよりますが、原則として経営者が作成します。なぜなら経営者として経営管理に必要な情報だからです。その他、税理士等が作成する場合もあります。

☑ 作成頻度

新規事業立ち上げ直後は毎月作成し、事業が安定するに従って頻度を下げていくとよいでしょう。なぜなら、多くの場合、計画で検討していないことが新規事業開始直後に起こり得るからです。

☑ 試算表作成のタイミング

試算表はできるだけ早く作成する必要があります。例えば売上げの締め日から2〜3日程度で作成することが望ましく、早く作成することで経営の異変に気づくことができ、迅速な対策をとれるからです。

❷ 計画の進捗を管理する仕組みの有無

計画の進捗管理は、計画達成のためにとても大切なことです。農林水産省は、「認定農業者は、自らの計画（注10）に記載された目標がどこまで達成されたかを確認し、それを踏まえて翌年以降においてもその経営改善を着実に進めるため、農業経営指標に基づく自己チェックを毎年行うこととし、その結果を少なくとも認定期間の中間年（3年目）及び最終年（5年目）に市町村へ提出するものとします（※注釈は筆者による）」として、計画の進捗管理を強化する方向を示しています（「農業経営基盤強化促進法の基本要綱」（令和元年11月1日））。

このように、計画の進捗管理の重要性については、農林水産省をはじめ各機関から指摘され、浸透しつつありますが、経営者が最初から1人で策定するとなると、難しいのが実情です。

3. 農業法人の事業性評価

そこで、事業性評価においては、経営者が進捗を評価するための仕組みをもっているかを確認します。一般的には、税理士、ＪＡ、地元金融機関、商工会などの有識者が、場合によっては従業員と一緒に、定期的に当初計画と試算表の数字のかい離について情報を共有し、改善に向けて話し合う、実績検討会を行うことなどが挙げられます。さらに、進捗管理を行うにあたりどのような立場の人物が、何人、サポーターとして動いてくれるかについても注意を払ってみていきます。

❸ 計画の見直し

最後に経営計画の見直しです。計画のかい離幅が大きくなった場合は、現状に合わせて、経営計画を見直すことが必要です。その場合には、前述した「誰に、何を、どうやって儲けるか」という切り口で整理をすると、見直しの課題が浮かびあがってきます。

（注10）認定農業者の申請において提出する経営改善計画のこと。

（3） 経営者

事業性評価においては、経営者に傾聴力（相手の話に耳を傾け、相手の話を引き出すスキル）があることが前提といえます。自分の考えのみを押しとおすいわゆる"ワンマン経営者"のような人は、事業性評価に馴染みません。

経営者については、傾聴力があることを前提に、①起業能力、②管理能力、③実践力の３つの能力を確認します。

❶ 起業能力

起業能力とは、新しい商売を産み出したいと発想する能力のことです。当然、法人化を実現した経営者なので、起業能力はあると推察されます。ただし、アイデアばかりであれもこれもと目移りする発想力ではなく、新たな仕事を実現可能な計画に落とし込み、それを実行す

78

る能力のことと心得ましょう。

❷　管理能力

　管理能力とは、計画を管理する能力のことです。例えば、作物の生育促進のため発芽後１ヵ月後に追肥をすると決めていた場合、決めたとおりに実施する能力です。しかし、この能力は、場合によってはデメリットとなることもあります。計画を確実に実行しなければいけないという想いが強くなりすぎると、その想いが先行してしまい、計画の見直しのほうに目がいかない場合があります。例えば、栽培計画では追肥をする時期ですが、天候の影響で作物の生育が遅れていたりする場合、計画をうまく変更することができないといったことが発生してしまいます。

❸　実践力

　実践力とは、目標に向けて計画を遂行する能力です。新たに経営を担う農業者の傾向として、生産したい・栽培したいという思いが強く、生産現場での実践ばかりを重視してしまい、本来経営者として行うべき従業員の管理や、経営目標達成に向けた戦略を考えることができない場合があります。また、実践力には、計画をわかりやすく、他者に伝える能力も含まれます。

　事業をうまく進めていくためには、これら３つの能力が不可欠です。しかし、すべてを完璧に実行するのは難しく、人それぞれ得手不得手があるものです。人はどうしても得意なものに注力しがちになるので、例えば管理能力が弱ければ経営管理会議の開催を呼びかける、起業能力が弱ければビジネスマッチングを提案する等、ＪＡ職員として経営者を支援していくことも求められます。

事例でみる事業性評価

　前述の点を踏まえ、事業性評価の全体像について、Ａ農業法人の事例を用いて確認してみましょう。

〈事例〉

　新規事業として、玄米パンの製造・販売事業を検討しているＡ農業法人の社長から、再度ＪＡに事業性評価を求められました。

（社長）「Ａ農業法人の強みと新規事業のリンクが弱いとの助言を受けて、おいしいお米からおいしい玄米パンを製造できる職人を新規に採用することにしました。そして、サポートしてくれる顧問税理士や新規に採用する職人たちと、『誰に、何を、どうやって儲けるか』を考え、計画書の見直しをしました」

　改めて提出された経営計画書は以下の内容です。

●新規事業の内容：玄米パンの製造・販売

●資本金：1,000万円

●売上高と利益：

（単位：万円、▲はマイナス）

項目	1年目	2年目	3年目	4年目	5年目
売上高	300	700	1,000	1,200	1,300
利益	▲600	▲400	200	300	500

●強　　み：おいしい銘柄米を作る高い技術力をもち、有名な銘柄米の産地にほ場が位置する。玄米パンの製造機械を安く入手でき、おいしい玄米パンの製造技術を確保。

●経営管理：月次で試算表を作成。四半期ごとに顧問税理士・ＪＡ

と進捗会議を開催。

　経営計画を見ると、前回の計画（毎年５％の割合で売上高が増加、それに比例し利益も５％ずつ増加）と比較して、Ａ農業法人の強みと企業ドメインの関連が強化され、数字も現実的なものとなっています。また経営計画の見直しプロセスから、この経営者には、傾聴力があり経営者として必要な３つの能力は問題ないと評価できます。ここまできて、初めて個別の数字の実現可能性について評価をしていきます。

　農業法人における計画の数値については、生産作物の種類により異なりますが、個人経営から法人経営に切り替わった時にすべての業種において注意すべきことがあります。その１つが資本の額です。

　資本とは商売の元手になるもので、計画のリスクに見合った資本の額を用意することが大切です。資本の構成要素について押さえておく

図表２－14　資本と当期利益の基本概念図

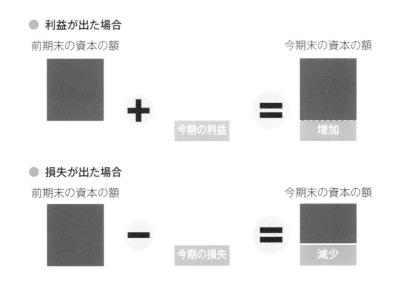

● 利益が出た場合

前期末の資本の額　　　　　　　　　　　　今期末の資本の額

今期の利益

増加

● 損失が出た場合

前期末の資本の額　　　　　　　　　　　　今期末の資本の額

今期の損失

減少

べき基本ルールは以下の２点です（　図表２−14　）。

ルール１　今期利益が出た場合、その利益は資本に組み込まれる。

ルール２　今期損失が出た場合、その損失は資本から引かれる。

　損失が続き、資本がマイナスになる状態を債務超過とよびます。債務超過になると、多くの場合は資金繰りが苦しくなり、金融機関からの支援も受けにくくなるので、債務超過とならない計画を作ることが大切です。

　A農業法人の計画について、資本の額の推移をみていくと、次のようになります。

●損益と資本の額の推移

（単位：万円、▲はマイナス）

項目	開始時	1年目	2年目	3年目	4年目	5年目
損益		▲600	▲400	200	300	500
資本の額	1,000	400	0	200	500	1,000

資本が０。注意が必要な水準

　開業２年後に、資本の額が０となり、債務超過に陥る可能性があることがわかります。これは、経営者が検討している計画のリスクに対して資本が不足している可能性があることを示しています。

　このような場合は、関係者からの増資や、農林水産大臣が承認する投資育成会社等から農業法人投資育成制度（注11）の利用など資本の増強を検討するなど、債務超過に陥らないための予防策をＪＡとして提案をしていくことが大切です。

　（注11）投資円滑化法（農業法人に対する投資の円滑化に関する特別措置法）

による農業法人への投資（出資）制度。補助金ではない。出資にあたっては審査がある。

事業を鳥瞰した視点

　事業性評価にあたっては、その事業を鳥瞰して見ることが大切です。法人の強みと企業ドメインの関連性の強さ、その法人のサポーターとなってくれる人たちの数、経営者の能力等、そして事業計画の妥当性に関する情報をできるだけ多く収集し、総合的に確認していくことが求められます。

4. 農業法人の設立手続（会社法人と農事組合法人）

農業法人の概要

　農業を営む法人を総称して「農業法人」とよびます。つまり、農畜産物の生産や加工・販売など農業に関する事業を行う法人はすべて農業法人といえます。

　農業法人の形態は、大きく分けると「会社法人」と「農事組合法人」とに分けられます（**第1章4.**）。会社法人である株式会社と農事組合法人の法人形態および税制の違いを整理すると、図表2-15、図表2-16のようにまとめることができます。

法人形態の選択

　法人を設立する場合、どの法人形態を設立するのか選択する必要があります。法人の形態の選択にあたっては、家族や仲間、地域の事情や資金など現時点の状況だけでなく、規模拡大や加工事業など将来の経営多角化をにらんで経営をどう展開していくのか、中長期的な展望を描いて決める必要があります。

（1）　会社法人を選択するケース

　会社法人については、構成員が1人でも設立することが可能であり、

図表2−15　法人形態の違い

	会社法人（株式会社等）	農事組合法人
根拠法	会社法	農業協同組合法
事業	営利事業全般	①農業に係る共同利用施設の設置・農作業の共同化に関する事業 ②農業経営および農業と併せて行う林業
発起人	1人以上	農民等3人以上
出資者の責任範囲	有限責任	組合員：有限責任 理事：無限責任
意思決定	1株1議決による株主総会の決議	1人1票制による組合員総会の議決
役員	①取締役1人以上（公開会社は3人以上） ②監査役（任意）	①理事1人以上（農民である組合員のみ） ②監事（任意）
雇用労働力	制限なし	法人事業に常時従事する者のうち、組合員および組合員と同一世帯に属する者以外の者が、常時従事者総数の2／3以下であること
組織変更	農事組合法人への変更不可	株式会社への変更可能

図表2−16　税制の違い

		会社法人（株式会社等）	農事組合法人
所得課税	法人税・事業税の税率	通常の税率を適用	協同組合等（法人税）・特別法人（事業税）に該当する場合は軽減税率を適用
	事業税	課税	農地所有適格法人の農事組合法人が行う農業は非課税
	中小企業経営強化税	適用あり	中小企業等経営強化法に規定する中小企業等に該当しないため適用なし
制度面	株式・出資の評価	純資産価額方式と類似業種比準方式との併用方式	純資産価額方式のみ
	事業承継税制	適用あり	中小企業における経営の承継の円滑化に関する法律に規定する「中小企業」に該当しないため適用なし

法人税も年所得が800万円を超えるまで15％ですので、農事組合法人と変わりません。議決権は出資株数に応じて各株主に付与されるため、大株主に議決権を集中させることができます。このため、大規模農家が事業承継を考える場合には、会社法人（株式会社）を選択することになります。また、事業承継時には、事業承継税制や民法の特例などを受けることもできます。さらに、会社法人であれば、事業内容に制限がないため、将来、6次産業化に伴って加工事業や販売事業などを展開することも可能です。

（2）　農事組合法人を選択するケース

　農事組合法人については、その目的が共同の利益追求であるため、複数の仲間や地域ぐるみで設立するものが中心です。設立時の登録免許税は非課税となります。また、農地所有適格法人に認定された場合の農業経営に対する事業税が非課税になります。

　株式会社と異なり、議決権は、出資額にかかわらず1人1票です。地域全体の農業や農地利用を効率的に行うことを目的とした法人設立の場合には、農事組合法人のほうが関係者から理解が得られやすいかもしれません。

法人（会社法人・農事組合法人）の設立手続

　会社法人と農事組合法人の設立手続について、基本的な流れは同じです。ただし、農事組合法人については、会社法人と異なり、公証人による定款認証が不要となるほか、知事への届出が必要となりますので留意が必要です。

　なお、農地等の権利を取得する場合は、農地所有適格法人の要件にも配慮する必要があります（第1章4.）。

　ここから、法人設立の基本的な流れを確認しましょう。

①事前準備

②事業目論見書の作成

③定款作成・認証
※農事組合法人は不要

④出資の履行

❶ 事前準備

　法人を設立するにあたり、法人の基本的事項（構成員、商号、本社所在地、事業目的、資本金、社内組織、役員等）を検討します。

❷ 事業目論見書の作成

　事業目論見書とは、事業内容、資本構成、財務諸表などの説明が書かれた書類です。設立しようとする法人について、出資者となる予定の人に法人の事業内容や資金・施設の整備計画、将来の収支計画などを説明するための資料です。

❸ 定款作成・認証

　定款は、法人の憲法のようなもので、目的、商号、本店所在地、資本金、構成員など法人の骨格と事業内容などを記載します。

　定款は間違いが許されず、また、後々の事業拡大（6次化など）に影響を及ぼすことになるため綿密に制度設計して作成する必要があります。また、株式会社が農地所有適格法人となる場合は、株式譲渡制限の定めが必要になります。

　なお農事組合法人の場合は認証手続を経る必要はありません。

❹ 出資の履行

　株式会社の場合は出資金（資本金）を

⑤設立時役員等の選任
⑥設立時役員等の調査
⑦設立時代表取締役の選定
※取締役会設置会社のみ

⑧設立登記

⑨知事への届出
※農事組合法人のみ必要

⑩諸官庁への届出

金融機関へ払い込みます。農事組合法人の場合は、理事へ払い込むことになります。現物出資の場合は、出資金の払込みと同時に代表取締役に農地、機械などの「現物」を引き渡します。

❽　設立登記

　株式会社の場合、設立登記は、設立時取締役の調査終了日または発起人が定めた日のいずれか遅い日から2週間以内に行う必要があります。

　農事組合法人の場合は、出資払込日から2週間以内に行います。

❾　知事への届出

　農事組合法人の場合、設立登記完了後2週間以内に知事に「農事組合法人設立届」を提出します。

❿　諸官庁への届出

　法人を正式に設立したら、2ヵ月以内に登記簿謄本を申請し、必要な書類とともに、税務署や市町村、労働基準監督署などへ提出します。農業委員会にも、正式に成立した旨を届け出ます。

農地所有適格法人の設立

　農業法人（会社法人、農事組合法人）であっても、農地法に定められた要件（農地法2条3項）を満たさなければ、農地を所有することはできません。この農地法上の要件を満たした農業法人のことを「農

地所有適格法人」といいます。

　農地所有適格法人を設立する場合、農地所有適格法人として特別に行う手続きはありません。法人設立の手続自体は、通常の会社法人・農事組合法人と同様に行い、その設立された法人が農地所有適格法人の要件を満たしていれば適用となります。

　なお、農業経営を目的として農地を取得するためには、農地所有適格法人の要件だけではなく、農地法３条２項各号に掲げる他の要件も満たしたうえで農地法３条１項の許可を得る必要があるため注意しましょう。

〈農地法３条２項に定める要件〉
（１号）全部効率利用要件
　農地の権利を取得しようとする者またはその世帯員等が保有している農地を含めてすべての農地を効率的に耕作すること。
（４号）農作業常時従事要件
　権利を取得する者またはその世帯員等が、耕作または養畜の事業に必要な農作業に常時従事すること。
（５号）下限面積要件
　権利を取得する者またはその世帯委員等が耕作する農地の面積が、都府県50a以上、北海道２ha以上であること。
（７号）地域との調和要件
　地域の位置および規模からみて、農地の集団化、農作業の効率化、その他、周辺の地域における農地の効率的かつ総合的な利用に支障が生じないこと。
〈農地法３条１項の許可〉
　農地等について所有権を移転し、または地上権、永小作権、質権、

使用貸借による権利、賃借権もしくはその他の使用および収益を目的とする権利を設定し、もしくは、移転する場合には、当事者は、一定の場合を除き、農業委員会による許可を受ける必要がある。

　この許可を受けないでした行為はその効力を生じない（農地法3条7項）。

5. 農業法人の事業承継

農業の事業承継の特徴

（1） 概要

　日本の農業就業人口の高齢化が進み、多くの農家が世代交代期を迎えています。他方で、農業に興味をもち、新規に農業に参入する若者たちも増えてきています。意欲的な次の世代に今ある農業を承継（事業承継）し、農作物が継続的に生産され続けることは、地域経済の活力を維持し、また、日本の食料を安定的に供給するという点で極めて重要なテーマといえます。

　農業の事業承継において、承継される資産としては、農地、農業機械、加工設備、工場（土地、建物）、事業資金などが考えられます。加えて、取引先との契約、従業員（雇用契約）、ブランド・知的財産権（商標権、特許権など）、生産・加工に関する技術・ノウハウなど目に見えないものも承継の対象になります。したがって、事業承継にあたっては、これらの資産を円滑に承継させるため十分な計画を立てておく必要があります。特に、農業で使用する農地の所有権などの権利を移転するには、後述のとおり農地法上の制約があるため、留意しなければなりません。

　さらに、農業の場合、作物の栽培を行う耕種農業と家畜の飼育を行う畜産農業とで事業形態が大きく異なることから、それぞれの農業形態を踏まえた事業承継を検討する必要があります。

　例えば、耕種農業では、個人事業として農業経営基盤強化準備金を積み立てていることがありますが、事業承継において農業経営基盤強化準備金を引き継ぐことはできません。このため、計画的に農業用固定資産を取得して農業経営基盤強化準備金を取り崩しておく必要があります。他方、畜産農業では、多額の棚卸資産（肥育牛など）を保有しているため、これらの承継にかかる税金に留意する必要があります。

（2）　農地の承継

　農地を承継するときには、その農地の所在する市町村の農業委員会による農地法３条の許可を受ける必要があります。そして、農地所有者から所有権を移転して農地所有するか、もしくは使用貸借（無料で土地を貸すこと）または賃貸借（有料で土地を貸すこと）をして、事業を承継したものが農地を利用できるようにする必要があります。

　なお、農地法３条の許可を受ける方法に代えて、農業経営基盤強化促進法に基づく農用地利用集積計画（利用権設定等促進事業）を利用する方法もあります。

　納税猶予制度との関係で所有権が移転できないなど一定の場合を除き、所有権を移転するのか、それとも使用貸借・賃貸借で権利を確保するのか、もしくは農地法に基づく許可ではなく、農業経営基盤強化促進法に基づく利用権設定なのか、それぞれのメリット・デメリットを検討したうえで、権利変動を行う必要があるといえるでしょう。

　農地取得に際して、農業委員会の許可を受けるための要件は次のとおりです。

　①農地のすべてを効率的に利用すること

②一定の面積を経営すること

③周辺の農地利用に支障がないこと

④必要な農作業に従事すること（承継する者が個人の場合）

　上記のほか、事業承継に伴い法人が農地を所有する場合には、その承継者が農地所有適格法人である必要があります。

　一方で、事業は承継するものの、農地については借り受けるにすぎない場合、承継人が法人であっても農地所有適格法人の要件を満たす必要はありません。ただし、その場合も、業務執行役員または重要な使用人が1人以上農業に常時従事することなどの要件があります。

第三者承継の進め方

　農業の承継の方法としては、親族に承継する場合と、親族内で後継者が見つからず新規就農者に承継する場合（第三者承継）があります。

　そのメリットとして、第三者承継の場合、譲り渡したいと思う移譲者としては、これまで長年にわたり築いてきた事業や無形資源（技術・経営ノウハウ・信用など）を承継者に確実に受け継いでもらい、次の世代に残すことができるという点が挙げられます。

　また、譲り受ける側からすると、最初から専業経営として経営を開始できる、地域にあった技術を学ぶことができる、移譲者の信用力や販路を利用できるなどの点があります。

　もっとも、農業の承継は、単なる資産の承継だけではなく、移譲者が長い時間をかけて身につけてきた農業の技術・ノウハウ、地域とのコミュニティについても承継することが重要です。そこで、必要に応じて行政・JA・事業承継の専門家などの協力を得ながら、農業の承継を確実に進める必要があります。

　第三者承継の流れについては次のとおりです。

5. 農業法人の事業承継

（1） 承継者とのマッチング

　第三者承継の場合、譲り渡そうと思っている農業を引き継いでくれる第三者を探すところから始まります。

　移譲者と承継者との間のミスマッチが起きることのないように、移譲者は、承継者の希望する各種経営データを開示するとともに、承継者の希望する条件（資産の移譲方法、承継スケジュール、承継後の移譲者による技術指導、商号・販売先・職員の引継ぎなど）を確認することが重要です。

　例えば、農地・農機・施設の移譲方法としては、譲渡のほか、賃貸（場合によっては養子縁組）などの方法もあります。移譲者の希望する移譲方法がある場合は、できる限り早期に、後任候補者にその希望を伝えておくべきでしょう。

（2） 承継者の研修・承継準備（事前研修など）

　農業の技術・ノウハウや地域とのコミュニティの承継は、すぐにできるものではありません。特に農業においては、その地域に合った農業技術を取得することが必要であるため、承継者が農業経験者であっても、その地域の環境に合わせた農業技術をしっかり承継する必要があります。このため、農業経営の承継においては、事業承継前に研修期間等を設け、時間をかけて、移譲者から承継者に対して、実践的な農業の技術指導が行うことも有用です。

　このように事業承継前に一定の期間を設けることで、移譲者と承継者が時間をかけてお互いの適正や相性を見極めることができます。

（3） 契約書の作成

　契約書が整備されず取引条件がいつまでも確定しない場合は、承継

者は、承継までのスケジュールや承継後の経営シミュレーションを行うことができません。このような場合、承継者が移譲者に強い不信感を抱き、農業の承継に支障をきたすことにもなりかねません。

　移譲者と承継者は、早期に互いの希望を確認し、農業承継の条件を話し合うことが重要です。また、承継の条件がまとまったら、行政、ＪＡ、普及センター、農業委員会、その他の専門家の協力を得て、契約書を作成しておくことが重要です。

　検討すべき事項としては、経営移譲の時期、有形資産（農地、農機、施設）の移譲方法（譲渡、賃貸）、無形資産（ノウハウなど）の譲渡方法（技術指導の期間、指導料など）、資産の評価などがあります。

（4）　承継後のフォローアップ

　承継者が承継前に十分な技術・ノウハウを習得できない場合、承継後も、移譲者による技術指導を継続する必要があります。そこで、このような場合には、事前に、承継後の移譲者の役割や処遇（指導料額）についても定めておく必要があります。

経営承継円滑化法の活用

　日本経済の基盤となるべき中小企業の事業承継は、雇用の確保や地域経済の活力を維持するためにとても重要です。農業分野においても、農業が次世代に確実にバトンタッチされ、農作物が継続的に生産されることは、地域経済の活力を維持することはもちろんのこと、日本の食料を安定的に供給するという点でも極めて重要なテーマといえます。

　しかし、事業の承継を行う場合、①贈与税および相続税の負担、②事業承継時の資金調達の課題、③民法上の遺留分による制約、といった様々な問題が発生し、これらが円滑な事業承継の妨げになることも少なくありませんでした。

図表2-17　中小企業経営承継円滑化法等による支援策

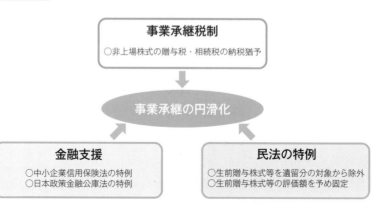

（出所）神奈川県「中小企業の経営承継円滑化マニュアル」より作成

　そこで、円滑な事業承継を支援するため、総合的な支援策を定めた経営承継円滑化法が制定され、平成20年10月1日（民法の特例に関する規定は平成21年3月1日）から施行されました。さらに、平成27年8月28日には、遺留分の民法特例の対象を親族外へ拡大することを柱とした改正法が公布されています。

　この経営承継円滑化法の柱には、遺留分に関する民法の特例制度、事業承継税制、事業承継時の金融支援措置の3つがあります（ 図表2-17 ）。

（1） 遺留分に関する民法の特例

　本来、自分の財産は、誰にどのようにあげても自由なはずです。しかし、民法は、遺族の生活の安定や最低限度の相続人間の平等を確保するために、相続人（兄弟姉妹およびその子を除く）に最低限の相続の権利を保障しています。これを「遺留分」といいます。

　遺留分の額は、遺留分最低基礎財産（遺産に一定の生前贈与財産を加えて、負債を差し引いた財産）に遺留分の割合（原則2分の1。た

だし、父や母は3分の1）をかけて算出します。

このような制度があるために、例えば、真面目に農業に従事してき
た長男に農業法人の経営を承継させるため同社自社株を長男に集中さ
せようとしましたが、他の相続人から遺留分に相当する財産の返還を
求められた結果、自社株が分散され、円滑に事業承継が進まない、と
いうことがありました。

そこで、一定の要件を満たす場合には、民法の特例として、生前贈
与した自社株を遺留分の対象から除外できるようになりました（除外
合意）。また、遺留分算定の基礎財産に参集する株式の価格をあらか
じめ固定しておくこともできます（固定の合意）。

このため、農業法人を承継者に承継させる場合には、とても有用な
特例といえます。

（2）　事業承継税制

中小企業の事業承継を円滑にするための施策の2つ目は非上場株式
にかかる贈与税や相続税の納税を猶予する制度です。これを事業承継
税制といいます。

承継者に事業を引き継ぐ際、株式等の承継による多額の贈与税や相
続税が円滑な承継を妨げていることがありました。

そこで、事業承継税制では、承継者である相続人等が、経営承継円
滑化法の認定を受けている非上場会社の株式等を相続等により取得し
た場合、その非上場株式等にかかる贈与税・相続税について、一定の
要件のもと、100％猶予されることになります。

ただし、本制度の適用を受けるためには、経営承継円滑化法に基づ
く都道府県知事の「認定」を受け、報告期間中（原則として相続税・
贈与税の申告期限から5年間）は代表者として経営を行うという要件
を満たす必要があり、かつ、その後は承継者が対象株式等を継続保有

することが求められます。

　この事業承継税制を活用することにより、贈与税や相続税の負担を気にすることなく株式の譲渡などにより農業法人の事業を承継者に承継することができます。

（3）　金融支援措置

　経営の交代に伴い、株式や事業用資産の買い取り、相続（贈与）税の納税資金などの資金ニーズ（注12）が発生する場合があります。経営承継円滑化法では、中小企業信用保険法の特例や日本政策金融公庫法の特例などの金融支援措置を講じています。

　ただし、この制度の利用には、都道府県知事の認定が前提となるというハードルがありますので、専門家等の支援機関の協力を得ながら、他の方法も選択肢に置きつつ、支援を受ける目的・必要性を見極めたうえで利用を検討すべきでしょう。例えば、株式の買取り資金が必要というケースにおいては、事業承継税制の活用の要件が合えば、同制度を活用したほうが経済的なメリットが大きいと想定されます。

〈経営承継円滑化法の金融支援措置における制度の概要〉
☑代表者個人（後継者）に対する日本政策金融公庫の融資（特別利率）
☑信用保証の拡大（通常の保証枠と同額を別枠化。代表者個人（後継者）への保証）
☑制度利用の流れ
　①都道府県知事あてに認定の申請をする（認定の書面審査には２ヵ月前後を要する）
　②認定取得後、日本政策金融公庫（公庫支店へ直接）や信用保

証協会（金融機関経由等）へ申込む（審査が必要）

(注12)　事業承継ガイドラインが示す資金ニーズは次の5例。
　　①事業承継前に自社の磨き上げのためにかかる投資資金
　　②先代経営者からの株式や事業用資産の買取資金
　　③相続に伴い分散した株式や事業用資産の買取資金
　　④先代経営者の所有する株式や事業用資産にかかる相続税の支払資金
　　⑤事業承継後に経営改善や経営革新を図るための投資資金

（4）　事業承継補助金

　事業承継（事業再生を伴うものを含む）を契機として、中小企業が経営革新等、または、事業転換を行う場合、設備投資・販路拡大・既存事業の廃業等に必要な経費を、中小企業庁が補助します。

　応募申請には経営革新など「新たな取組み」を行うことが要件とされていますので、その取組みの内容が審査において重視されます。審査にあたっては新たな取組みの「独創性」「実現可能性」「収益性」「継続性」という着眼点に基づき、専門家などが審査します。

〈補助上限〉

・経営革新等＝200万円

・事業転換＝500万円

※補助率の上限は経費の3分の2

農業法人の経営承継の留意点

　農業法人の形態が株式会社である場合、農業承継の進め方は、一般の中小企業の経営承継の進め方と共通する点が多くあります。しかし、農業法人固有の問題もあるため、留意しなければなりません。

　農業においては、同じ作物を生産する場合であっても、その地域の気候、土壌、立地条件などのその環境に合った農業技術（経験、ノウ

ハウなど）も併せて承継者に承継することが重要になります。このため、移譲者が長年かけて培ったこの農業技術を確実に承継してもらう方法を検討する必要があります。具体的には、一定期間、移譲者のもと後任者が研修したり、承継後も一定期間移譲者にアドバイザーとして農業技術を指導してもらう方法が考えられます。

次に、承継しようとしている農業法人が、農地を所有する農地所有適格法人の場合には、事業承継後も農地所有適格法人の要件（第1章4.）が満たされるようにしておかなければなりません。

また、耕種農業では、水利施設、農道、畦畔の管理などにつき、地域との連携が必要となります。資産やノウハウの承継のみにとどまらず、地域のコミュニティの承継も、重要なポイントといえます。畜産業においても、耕種農業のような施設管理は発生しませんが、悪臭など地域への配慮を要しますので、やはり地域との関係性を上手に次の世代に承継する必要があるでしょう。

事業承継に向けたステップ（経営の「見える化」と会社の「磨き上げ」）

事業承継は、節税目的のみで考えるべきではありません。事業承継は会社や事業の10年後といった、将来を考える大きなプロジェクトのなかの1つのステップであり、経営者交代を機に飛躍的に事業を発展させる機会であると考えるべきです。

事業承継の前に、経営の「見える化」、会社の「磨き上げ」という、企業の足腰固めに取り組むことで、魅力あふれ、長く継続する会社や事業を組み立てていくことができます（図表2-18）。

その準備は、専門家等の支援機関の協力を得ながら、早期に着手していく必要があります。後継者の育成も含めると、準備には5年〜10年ほどかかるため、経営者が60歳になった頃が1つの目安という見方もあります。

図表2−18　事業承継に必要となる取組みのテーマと内容

ステップ	取組みテーマ	取組み内容
スタート	会社のいま	
1．プレ承継①	10年後の会社像とのギャップを把握する経営の「見える化」	▶財務分析による経営課題の洗い出し、目に見えない強み（ノウハウなど知的資産）の洗い出し
2．プレ承継②	競争力をアップする会社の「磨き上げ」	▶経営のスリム化、本業の競争力アップ、経営体制の見直し
3．承継実行	事業承継	▶親族または役員・従業員への承継、社外への引継ぎ（M&Aなど）
ゴール	会社・事業の将来（10年後）	

（1）　経営の「見える化」

　経済産業省の推奨するローカルベンチマークを活用して、自社の業界内における位置づけ等を客観的に評価することができます。ローカルベンチマークとは、6つの財務指標と4つの非財務指標によって、中小企業の経営者がそれを支援する金融機関や士業等専門家と経営に関する対話を行うことができるよう作成されたツールです（図表2−19）。

（2）　会社の「磨き上げ」

　企業価値の高い魅力的な会社は、他社に負けない強みをもち、業務の流れに無駄のない効率的な組織体制を構築しています。専門家等の

5. 農業法人の事業承継

図表2−19 ローカルベンチマークの6つの財務指標と4つの非財務指標

〈6つの財務指標〉

	指標と計算式	判定用途
①	売上高増加率＝ 　（最新期売上高÷前期売上高）－1	成長性
②	営業利益率＝ 　営業利益÷最新期売上高	収益性
③	労働生産性＝ 　営業利益÷従業員数	生産性
④	EBITDA有利子負債倍率＝ 　（借入金－現金・預金）÷（営業利益＋減価償却費）	健全性
⑤	営業運転資本回転期間＝ 　（売上債権＋棚卸資産－買入債務）÷（売上高÷12） 　　売上債権＝売掛金＋受取手形 　　買入債務＝買掛金＋支払手形	必要運転資金
⑥	自己資本比率＝純資産÷総資産	企業価値

〈4つの非財務指標〉

	指標（着目点）	主な分析項目
①	経営者への着目	・経営者自身のビジョン、経営理念 ・後継者の有無
②	事業への着目	・事業の商流 ・ビジネスモデル（収益構造）、製品原価 ・技術力、販売力の強みと弱み ・ＩＴの能力（イノベーションの有無）など
③	関係者への着目（企業を取り巻く環境）	・顧客リピート率、主力取引先企業の推移 ・従業員定着率、勤続日数、平均給与 ・取引金融機関数とその推移、金融機関との対話の状況など
④	内部管理体制への着目	・組織体制 ・経営目標の共有状況 ・人事育成システムなど

図表2-20　磨き上げのための取組み

〈競争力アップのための主な取組み〉

	アクション	内容
①	商品力を伸ばしマーケットを開拓	自社の商品・サービスの同業他社と比較した強みを絞り込み、経営資源の集中で新規顧客を開拓する。
②	人的資源を強化する	新しい商品・サービスの開発を支える人材の育成、新規採用を進めて自社の人的資源を強化する。

〈運営体制（組織ガバナンス）の整理のための主な取組み〉

	アクション	内容
①	役員、従業員の役割の明確化	事業の実態に合わせて各部署の組織体制を見直す。役員や管理職の職務権限、役割を再構築する。時代の変化を踏まえた服務規程、就業規則を整備する。
②	経営のスリム化	将来の事業に必要のない滞留在庫、遊休資産を処分・現金化し、新事業や新商品開発に投入する。

　支援機関の協力を得ながら、競争力をアップし、運営体制（組織ガバナンス）を整理する「磨き上げ」に取り組むことが重要です（図表2-20）。

6. 外国人労働者の雇用対策

外国人雇用の現状

　厚生労働省が発表した平成30年10月末日現在の外国人雇用労働者数は、146万463人に及び、前年同期比でみると14.2％の増加になりました。この数値は、平成19年に外国人雇用状況の届出が義務化されて以降、過去最高となっており、５年前と比べると約２倍に及びます（ 図表２−21 ）。

　外国人労働者を雇用する事業所数も21万6,348ヵ所に拡大して前年

図表２−21　　在留資格別外国人労働者数の推移

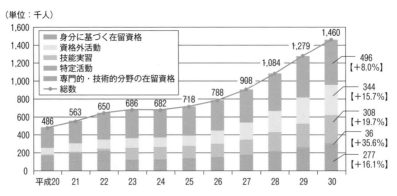

（出所）厚生労働省「外国人雇用状況」の届出状況まとめ（平成30年10月末現在）より作成

図表2−22　国籍別外国人労働者の割合

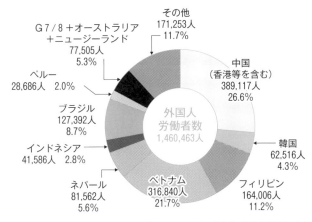

（出所）厚生労働省「外国人雇用状況」の届出状況まとめ（平成30年10月末現在）より作成

同期比11.2％の増加となり、この数値も届出の義務化以降、最も高くなっています。

　そして、後述のとおり、入管法の改正により、平成31年4月から、外国人労働者の受入れの新たなルールが設けられたため、今後も、外国人労働者のさらなる増加が見込まれています。

　国籍別では、中国が最も多く38万9,117人（外国人労働者数全体の26.6％）、次いで、ベトナム31万6,840人（同21.7％）、フィリピン16万4,006人（同11.2％）と続きます（ 図表2−22 ）。対前年伸び率としては、ベトナム（31.9％）、インドネシア（21.7％）、ネパール（18.0％）となっています。

外国人雇用の法改正

　外国人労働者の受入れ拡大を目的として、入管法が改正されました（平成31年4月1日施行）。なお、入管法とは、外国人の在留資格手続や難民の認定などを定めている法律です。

　改正入管法では、人材不足が深刻な14業種で就労を認める新たな在留資格である「特定技能」を導入し、5年間で最大約34万5,000人の受入れを見込んでいます。農業分野においても、改正入管法による新たな外国人の受入れ制度の活用により、深刻な人手不足の解消が期待されています。

　新たに設けられた在留資格「特定技能」は2段階あり、一定の技能が必要な業務（特定技能1号）と熟練技能が必要な業務（特定技能2号）に分類されます。

○特定技能1号

　特定技能1号は、特定産業分野に属する相当程度の知識または経験を必要とする技能を有する業務に従事する外国人向けの在留資格です。

　対象となる特定産業分野は、介護、ビルクリーニング、素形材産業、産業機械製造業、電気・電子情報関連作業、建設業、造船・舶用工業、自動車整備、航空、宿泊、飲食料品製造業、外食業、漁業そして農業です。その他の特定技能1号のポイントは、次のとおりです。

・在留期間：1年、6ヵ月または4ヵ月ごとの更新。上限は通算5年まで

・技能水準：試験等で確認（技能実習2号を修了した外国人は試験等免除）

・日本語能力水準：試験等で確認（技能実習2号を修了した外国人は試験等免除）

・家族の帯同：基本的に認めない

・その他：受入れ機関または登録支援機関による支援の対象となる

○特定技能2号

　特定技能2号は、特定産業分野に属する熟練した技能を要する業務に従事する外国人向けの在留資格です。もっとも、特定技能2号は、建設業と造船・舶用工業のみが受入れ可能とされているため、農業分

野で受け入れることはできません。

外国人労働者の雇用時の流れ・手続き

（１）　外国人の採用・募集

　受け入れる外国人を探す方法としては、最寄りのハローワークや民間の職業紹介所、海外にネットワークを持つ民間団体や現地コーディネーターを活用することが考えられます。

（２）　受入れ形態の選択

　先に紹介した特定技能制度による農業分野での受入れについては、農業者が受入れ機関（特定技能所属機関）として直接外国人を雇用する方法が考えられます。

　この方法による場合、農業者は、受入れ機関としての一定の要件を満たしたうえで、以下の①または②の要件を満たす外国人と直接雇用契約を結び、特定技能１号での入国・在留に係る審査・手続きを経たうえで、外国人を受け入れることになります。

　①農業分野の技能試験と基本的な日本語試験に合格した者

　②耕種農業職種（３作業：施設園芸、畑作・野菜または果樹）または畜産農業職種（３作業：養豚、養鶏または酪農）の第２号技能実習を良好に修了した者

　上記のほか、派遣事業者が受入れ機関となり外国人を派遣してもらう方法や、ＪＡ等が外国人を雇用したうえで、組合員等の農業者から農作業等の業務を請け負い、外国人にその業務に従事してもらうといった方法も考えられます。

　ＪＡ等が業務を請け負う場合には、そのＪＡ等が地域内の複数の農業者から請け負った業務に外国人が従事することも可能です。ただし、

作業の指揮命令は、個々の農業者が行うことはできず、雇用契約を結んだJA等が行う必要があります。

（3） 雇用契約書の作成

雇用契約の作成にあたっては、次の点に留意する必要があります。

・業務の内容

外国人には、主として、耕種農業全般の作業（栽培管理、農産物の集出荷・選別等）、畜産農業全般の作業（飼養管理、畜産物の集出荷・選別等）に従事させる必要があります。

ただし、その業務内容には、栽培管理または飼養管理の業務が必ず含まれていることが必要です。例えば、農産物の選別の業務にのみ専ら従事させるといったことはできません。

また、同じ農業者等のもとで作業する日本人が普段から従事している関連業務（加工・運搬・販売の作業、冬場の除雪作業等）にも、付随的に従事することが可能です。

・在留期間

特定技能制度では、外国人に、5年間継続して働いてもらう形態と、農閑期等には帰国し、通算で5年間になるまで働いてもらう形態のいずれでも可能です。

・労働時間

外国人の所定労働時間については、現に雇用されている他の日本人労働者等と同じ内容にする必要があります。

・有給休暇

外国人が一時帰国を希望した場合、必要な有給休暇を取得させる旨を規定する必要があります。

・賃金

同じ作業に従事する日本人労働者と同じ金額以上である必要があり

ます。

・健康状態

健康状態そのほかの生活状況を把握するのに必要な措置を講じる旨を規定する必要があります。

・雇用契約終了時の措置

雇用契約終了後の帰国費用を負担できない場合、旅費を負担するとともに、外国人がスムーズに出国できるように必要な措置を講じる旨の規定をする必要があります。

（4） 出入国在留管理局への手続き

農業分野において外国人を受け入れるためには、過去5年以内に労働者を6ヵ月以上雇用した経験があること、農業特定技能協議会に入会します。また、協議会に必要な協力を行うことといった基準を満たす必要があります。外国人を受け入れる際には、これらの基準を満たすことを誓約した「誓約書」を作成し、最寄りの地方出入国在留管理局（地方入管）に提出する必要があります。

（5） 支援計画の作成

農業者が外国人を雇用する場合、主に、以下の支援内容について、具体的にどのように行うかを定めた「支援計画」を事前に作成する必要があります。なお、外国人への支援は、農業者自身が行うほか、「登録支援機関」に委託することもできます。農業分野の登録支援機関としては、これまでに技能実習の管理団体などとして、外国人の受入れに関わっていたJAや日本農業法人協会など、地域の農業団体が考えられます。

〈支援計画の主な内容〉

 ・事前ガイダンス
 ・出入国する際の送迎
 ・住居確保・生活に必要な契約支援
 ・生活オリエンテーション
 ・公的手続等への同行
 ・日本語学習の機会の提供
 ・相談・苦情への対応
 ・日本人との交流促進
 ・転職支援（※人員整理等、受入れ側の都合による場合）
 ・定期面談、行政機関への通報

（6）　地方出入国在留管理局への申請

　外国人受入れにあたって、雇用主は、地方入管に必要な申請を行う必要があります。具体的には、外国人が日本国内に在留中の場合は在留資格変更の許可申請を、外国人が海外から来日する場合は在留資格認定証明書の交付申請を行うことになります。

　そして、地方入管申請後、変更許可や証明書が交付された後、実際の受入れがスタートすることになります。

（7）　外国人受入れ後の手続き

　外国人受入れ後、事業者には、各種届出や報告が義務づけられています。これらの届出等は、それぞれの事由が発生した日から14日以内に行わなかった場合、罰則の対象となります。具体的には 図表2－23 のとおりです。

図表2−23　外国人受入れに関する各種届出

届出の種類	届出のタイミング	届出の主な内容
雇用契約に関する届出	雇用契約の内容等に変更等があったとき	変更、終了、新たな契約の締結時の内容等
支援計画に関する届出	支援計画を変更したとき	計画変更時の内容等
登録支援機関との委託契約に関する届出	登録支援機関との契約締結、契約変更、契約終了するとき	締結時や契約変更時の内容等
外国人の受入れが困難となった際の届出	受入れが困難となったとき	困難となった事由、外国人の現状、活動継続のための措置内容等
不正行為を知ったときの届出	不正行為の発生を受入れ機関が知ったとき	発生時期、認知した時期、当該行為の内容とそれに対する対応等
外国人材の受入れ状況に関する届出	4半期ごと（注）	外国人材の総数、外国人材の氏名、国籍等の情報、業務内容（派遣形態の場合は派遣先の情報）
支援計画の実施状況に関する届出	4半期ごと（注）	各種支援の状況（定期面談実施時の内容、対応結果等）
外国人の活動状況に関する届出	4半期ごと（注）	報酬の支払状況、従業員数、各種公的保険に係る適用状況等

（注）翌4半期の最初の日から14日以内に届け出る必要がある。

（出所）農林水産省パンフレット「特定技能外国人の受入れが始まりました！　〜受入れにあたって押さえるべきポイントとは〜」より作成

外国人の労務管理

　受け入れる予定の外国人と締結する雇用契約は、特定技能基準省令1条1項に定めるとおり、労働基準法その他の労働に関する法令の規定に適合している必要があります。

　そして、特定技能外国人については、外国人技能実習生と異なり、日本人が従事する場合と同様に取り扱われることになります。すなわち、農業については、日本人が従事する場合と同様に、労働時間、休憩および休日に関する労働基準法の規定は適用されません。

　しかし、特定技能外国人が、健康で文化的な生活を営み、職場での能率を長期間にわたって維持していく必要があります。そのため、特定技能外国人の意向も踏まえつつ、他業種における労務管理も参考にしながら、過重な長時間労働とならないよう適切に労働時間を管理するなど、働きやすい環境を整えるように努力することが推奨されています。

外国人雇用の留意点

　前述のとおり、特定技能外国人の場合には日本人同様に労働時間、休憩および休日に関する労働基準法の規定が適用されませんが、外国人技能実習生（注13）の場合には、これらの規定についても適用されます。

　このため、特定技能外国人と外国人技能実習性を混在させて受け入れる場合には、誤った労務管理をすることがないように十分留意する必要があります。

　また、外国人を受け入れる場合には、外国人の不法就労にも注意する必要があります。入管法上、外国人が適切な在留資格を得ずに就労（不法就労）した場合、不法就労をした外国人はもちろんのこと、不法就労をさせた事業主も処罰の対象とされます。

　具体的には、不法就労させたり、不法就労をあっせんしたりした人は、不法就労助長罪として、3年以下の懲役または300万円以下の罰金（またはその両方）に処せられます。

　外国人を雇用する際に、当該外国人が不法就労者であることを知ら

なかったとしても、在留カード（注14）を確認していないなどの過失がある場合には、処罰を免れません。

　このため、外国人を受け入れるにあたっては、在留カードを確認し、在留カードの番号が失効していないか、就労不可などの就労制限が設けられていないかなど確認をすることが重要です。

（注13）外国人技能実習制度による実習生。同制度は、日本の企業（農家）において、発展途上国の若者を技能実習生として受入れ、実際の実務を通じて、技術や技能・知識を学び、帰国後に母国の経済発展に役立ててもらうことを目的とした公的制度。以前は入管法とその省令を根拠法令として実施されてきたが、平成28年11月28日に外国人の技能実習の適正な実施及び技能実習生の保護に関する法律（技能実習法）が制定され、これまで入管法令で規定されていた多くの部分が技能実習法で規定された。

（注14）企業等への勤務や日本人との婚姻などで、入管法上の在留資格をもって適法に日本に中長期間滞在する外国人の方が所持するカード。特別永住者を除き、在留カードを所持していない場合は、原則として就労することができない。

7. 農業経営に活用できる 税制・補助金（ハード支援関連）

農業法人化の推進に向けた税制・補助金の拡充

　農業生産基盤強化のために、国は従来の個人経営から法人経営への移行を推進しており、法人と担い手農家向けの税制・補助金を大幅に拡充しています。

　ここから、機械等を取得・規模拡大したい方が活用可能な支援措置を中心にみていきましょう（各支援措置の内容・要件は変更が生じる可能性がある）。

中小企業等経営強化法に基づく支援措置

（1）　対象となる農業者

　青色申告をしている①および②が対象です。

　①常時使用する従業員数が1,000人以下の個人事業主等

　②資本金または出資金の額が1億円以下の法人（農事組合法人は対象外）

　※資本金額が1億円超などの大規模法人から一定割合以上の出資を受けている場合や、前3事業年度の所得金額の平均額が15億円を超える法人などは対象外。

（2）　特例の内容

　法人税・所得税について、即時償却または10％の税額控除（注15）が適用（税額控除は資本金3,000万円超の中小法人の場合7％）になります（注16）。

（注15）税額控除は税額の20％が上限となる。
（注16）中小企業等経営強化法の経営力向上計画の認定を受けた場合の支援。

（3）　対象となる機会・設備

　次の①から④を令和3年3月末までに取得する場合に活用が可能です。

　　①160万円以上の機械装置
　　②30万円以上の器具備品・工具
　　③60万円以上の建物附属設備
　　④70万円以上のソフトウェア

（4）　要件

　以下の2つのいずれかの要件を満たしたうえで、「経営力向上計画」を作成し、地方農政局等において認定を受けることが必要です。

要件1
　　①旧モデルに比べ、生産性が年平均1％以上向上する機械等であること
　　②メーカー等を通じて、工業会等が発行する証明書を入手すること
要件2
　　①年平均の投資利益率が5％以上であること
　　②投資利益率が5％以上であることについて、経済産業局が発行す

図表 2 −24　初年度の税制特例による効果の例

活用する特例措置	初年度の税制特例による効果
税額控除（10%）	700万円（機械の取得額）×10%＝70万円（※）
特別償却（即時償却）	600万円×23.2%（法人税率）➡140万4,000円

いずれか一方を選択可能

（※）通常の減価償却による効果は別途計上。税額控除は法人税額の20%が上限（したがって、
　　税額控除と特別償却のいずれが税負担が小さくなるかは場合による）。
　　法人事業税、地方法人税、法人住民税については考慮に入れていない。

　　　　る確認書を入手すること
　※要件１の場合、工具については測定工具、検査工具のみ、ソフトウェアにつ
　　いては情報収集・分析・指示機能を有するもののみが対象となる。

〈活用事例〉

　資本金1,000万円、減価償却前利益が2,000万円の農業法人が、中小企
業等経営強化法の認定を受けて700万円の機械（耐用年数７年）を取得
した場合、初年度の税制特例による効果は 図表 2 −24 のようになる
（償却額は定額法による。その他の特例等は考えない）。

（５）　必要な手続き（（４）要件１の場合）

❶　証明書の入手

　取得を検討している機械、設備が要件を満たすこと（一定期間内に
販売された旧モデルと比較して生産性が年平均１％以上向上している
設備であること）を確認のうえ、機械・設備メーカーを通じて、工業
会等が発行する証明書を入手します。

❷　計画の申請

　経営力向上計画を作成、取得を検討している機械・設備について記載したうえで、証明書の写しを添付して最寄りの地方農政局等に当該計画を申請します。

　経営力向上計画では、次の点について記載が必要になります（計画の提出から審査認定に要する期間は通常１ヵ月程度）。

　　・経営状況
　　・労働生産性の向上目標
　　・労働生産性の向上を図るための取組み・設備投資や資金調達の内容

❸　機械・設備の取得

　農林水産省（地方農政局等）から認定を受けた後、機械・設備を取得します。

❹　税務申告

　税務申告に際して、経営力向上計画の申請書および認定書の写しが必要となります。

（6）　本制度のポイント

　担い手農家、農業法人が、規模拡大や生産基盤を強化するために機械、設備等を導入する際に活用可能な支援措置です。

　新たに機械や設備を導入する場合、中小企業等経営強化法に基づき、「経営力向上計画の認定」を受けたうえで取得すれば、法人税・所得税について即時償却または10％の税額控除が適用できます（税額控除は資本金3,000万円超の中小法人の場合７％）。

　本支援措置は、後述する「中小企業投資促進税制」と似た制度となっていますが、法人税・所得税が即時償却できる点で支援内容が上回っています。税額控除も中小企業投資促進税制は７％ですが、こちらは資本金規模が小さい企業は10％と拡大している点が特徴です。ま

た、こちらは建物附属設備が対象になっている一方で、中小企業投資促進税制の対象である3.5トン以上の普通貨物自動車（トラック等）は対象外です。なお、中小企業投資促進税制は農事組合法人でも使用可能です。

生産性向上特別措置法に基づく支援措置

（1） 対象となる農業者、機械・設備

前述の「中小企業等経営強化法に基づく支援措置」と同様です。ただし、「導入促進基本計画」を策定した市町村における設備投資に限定されます。また、対象となる機械・設備については市町村ごとに異なる場合があります（対象となる機械・設備は償却資産として課税されるものに限られる。また、詳細は各市町村に確認が必要）。

（2） 特例内容

固定資産税が３年間ゼロ～２分の１以下に軽減されます（市町村の条例で定める割合）。

（3） 要件

以下の要件を満たしたうえで「先端設備等導入計画」を作成し、市町村において認定を受けることが必要です。「先端設備等導入計画」とは、中小企業者等が、設備投資を通じて一定期間内に労働生産性の向上を図るための計画を指します。

①旧モデルに比べ、生産性が年平均１％以上向上する機械等であること

②メーカー等を通じて、工業会等が発行する証明書を入手すること

※令和３年３月末までに取得した機械・設備が適用対象となる。

（4）　必要な手続き

❶　証明書の入手

　前述の「中小企業等経営強化法に基づく支援措置」の手続きと同様です。

❷　計画の事前確認

　先端設備等導入計画を作成し、取得を検討している機械・設備について記載したうえで、計画を認定経営革新等支援機関（中小企業診断士、税理士、商工会、商工会議所等）に確認し、確認書を入手します。先端設備等導入計画では、次の点についての記載が必要です。

　　・経営状況
　　・労働生産性の向上目標（年平均３％以上）
　　・労働生産性の向上を図るための取組み・設備投資や資金調達の内容

❸　市町村への申請

　計画申請書およびその写し、工業会証明書の写し、経営革新等支援機関の事前確認書を添付して市町村に提出して、認定を受けます。

❹　機械・設備の取得

　認定を受けた後、機械・設備を取得します。

❺　税務申告

　税務申告に際して先端設備等導入計画の申請書および認定書の写し、工業会証明書の写しが必要です。

（5）　本制度のポイント

　固定資産税が取得から３年間はゼロから２分の１に軽減されます。固定資産税は通常は年1.4％ですから、機械、設備等は価格が高額なため、一定の効果が期待できます。一方、労働生産性の向上目標が年平均で３％以上とする計画はハードルが高くなっています。実際には

成長段階にある担い手農家と農業法人が対象になると考えられます。

農業経営基盤強化準備金制度

（1） ２つの措置内容

農業経営基盤強化準備金制度は、２つの内容があります。

１つ目は、農業者が、経営所得安定対策等の交付金を農業経営改善計画などに従い、農業経営基盤強化準備金として積み立てた場合は、この積立額を個人は必要経費に、法人は損金に算入できる制度です。

２つ目は、農業経営改善計画などに従い、積み立てた準備金を取り崩したり、受領した交付金をそのまま用いて農用地、農業用の建物・機械等を取得した場合、圧縮記帳できます（ 図表２－25 ）。

上記２つの措置を組み合わせることも可能であり、使い勝手がよく、節税効果・経費削減効果が高い制度となっています。農用地や農業用の建物・機械等の金額の高い固定資産を取得する際に効果を発揮します。そのため、法人や担い手農家が規模を拡大する場合に便利な施策となっています。本制度は、個人でも認定農業者と認定新規就農者であれば使用することができる点も特徴です。

農業経営基盤強化準備金制度の適用を受けるうえでの留意点は次の２点です。

①対象となる金額については農林水産大臣の証明書の取得が必要。この証明・申請手続については、地方農政局の地域センター等に申請して取得する。申請は、確定申告（２月16日～３月15日）に間に合うよう、確定申告の１ヵ月～３週間前には行う必要がある。

②本制度は所得との関係で必要経費（損金）算入できる限度額がある。計画立案の段階で無理のない範囲で準備金の積立額を設定する必要がある。

（２）　特例の対象となる農業者

　認定農業者（個人・農地所有適格法人）、認定新規就農者（個人）
が特例の対象となります。

　認定農業者（個人・農地所有適格法人）は農業経営改善計画、新規
就農者（個人）は青年等就農計画を作成し、承認を受けることが前提

図表２−25　３年間積み立てて４年目に農地等を取得した場合

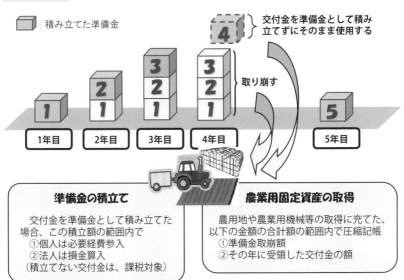

（注）積立てた翌年（度）から５年を経過した準備金は、順次、総収入金額（益金）に算入され、
　　　課税対象となる。ただし、算入された年（度）内に対象固定資産を取得すれば、必要経費（損
　　　金）に算入できる。（平成25年に積み立てた準備金は、平成31年に５年を経過し、平成31年の所
　　　得の計算上、総収入金額に算入される。このため、当該準備金を必要経費に算入するには、平
　　　成31年末までに、農業経営改善計画に基づき、農用地や農業用機械等を取得する必要がある。）

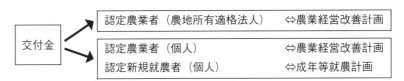

（出所）農林水産省パンフレット「農業経営基盤強化準備金制度とは？」より作成

となります。

　また、青色申告を行う認定農業者・新規認定農業者は、農業経営改善計画等に、この特例を活用して取得しようとする農業用固定資産が記載されていることも要件となります。

〈交付金の活用事例〉

　経営所得安定対策や水田フル活用の交付金相当額を農業経営改善計画などに従って積み立てて（最長5年間）機械・農地等を取得する際、次のような取扱いが可能。

　①積み立てた各年については、積立金を損金算入（経費算入）することができ、収入から除外することとなるため、積立金については法人税・所得税の課税が繰り延べられる（ただし交付金の額が限度）。

　②さらに、取り崩して機械・農地等を取得した年についても、積立金＋その年の交付金の額を限度として、機械等の取得額を圧縮記帳（実質非課税）することが可能。

（3）　本制度のポイント

　当該支援措置は、資本金要件で中小企業経営強化法の支援措置の対象とならない場合や、農地所有適格法人でも使用可能です。

　積立期間中は税負担が軽減されることから、規模拡大を目指す認定農業者が計画的に準備金を積み立てて、金額が大きい農用地、農業用建物・機械等を取得することが可能となります。

　国は、農業の生産性向上を推進するため、規模拡大する法人や担い手農家に手厚い支援措置を打ち出しています。農業者の経営形態、経営規模は様々ですから、必要な機械・設備等などそれぞれの経営実態に合致した制度を無理のない範囲で有効に活用することが望まれます。

中小企業投資促進税制

（1） 対象となる農業者

青色申告をしている①および②が対象です。

①常時使用する従業員数が1,000人以下の個人事業主等

②資本金または出資金の額が1億円以下の法人

前述の「中小企業等経営強化法に基づく支援措置」と同様ですが、加えて農事組合法人も対象となります。

（2） 特例内容

法人税・所得税について30％の特別償却または7％の税額控除（注17）が適用（税額控除は資本金3,000万円以下の法人のみ選択可能）。

（注17）税額控除は税額の20％が上限となる。

（3） 対象となる機会・設備

以下の①から④を、令和3年3月末までに取得する場合に活用可能です。

①160万円以上の機械装置

②3.5トン以上の普通貨物自動車（トラック等。貨物運送用に限る）

③120万円以上の測定工具、検査工具

④70万円以上のソフトウェア

商業・サービス業・農林水産業活性化税制

（1） 対象となる農業者

青色申告をしている①および②が対象です。

①常時使用する従業員数が1,000人以下の個人事業主等

②資本金または出資金の額が1億円以下の法人

前述の「中小企業投資促進税制」と同様です。農事組合法人も対象となります。

（2） 特例内容

前述の「中小企業投資促進税制」と同じく、法人税・所得税について30％の特別償却または7％の税額控除が適用（税額控除は資本金3,000万円以下の法人のみ選択可能）となります。

（3） 対象となる機会・設備

以下の①②を令和3年3月末までに取得する場合に、活用が可能です。

①30万円以上の器具・備品

②60万円以上の建物附属設備

（4） 要件

アドバイス機関（商工会、ＪＡ等）から経営改善に関する指導・助言を受けた旨を明らかにする書類（本税制措置を活用して行う設備投資等により、年2％以上の売上高または営業利益の伸びが達成できること見込まれることを明記。平成31年度から要件化）の交付を受ける必要があります。

各支援措置の相違点

いずれの支援措置も個人の担い手農家、農業法人が活用可能な支援措置です。相違点は、中小企業等経営強化法に基づく支援措置は、農事組合法人が対象外となっている点です。

中小企業等経営強化法のみ、法人税・所得税について即時償却または10％の税額控除（税額控除は資本金3,000万円超の中小法人の場合７％）が適用できます。その他の支援措置は30％の特別償却または７％の税額控除です。

また、中小企業等経営強化法は、対象となる機械・設備の範囲・金額も大きくなっています。一方で、中小企業投資促進税制の対象である3.5トン以上の普通貨物自動車（トラック等）は対象外です。

経営規模・実態に合わせた有効活用

中小企業等経営強化法に基づく支援措置は特例による効果が大きなものになっていますが、生産性の向上を前提とした事業計画の策定が必要です。

また、いずれの支援措置も、個人の担い手農家が使用可能です。また、今回紹介した２つの支援措置は併用することが可能であるため、機械、設備等の導入当初の節税効果が高くなっています。

ただし、いずれの支援措置も青色申告は当然のこと、事業計画の策定において、生産性の向上が前提となっていますので、自然相手の農業分野において機械、設備等の導入だけで年間を通じて一定以上の生産性の向上を実現させるのは簡単ではありません。

ここに紹介したように国は複数の支援措置を用意していますので、農業者の経営形態、経営規模に合わせ、それぞれの経営実態に合致した制度を無理なく有効に活用したいところです。

8. 税制・補助金（ソフト支援関連）およびその他の公的支援策

農業経営の支援措置の転換点

　農業経営の法人化が進むなか、農業経営の支援措置は、ハード（建物・機械・装置等）からソフト（組織・人材・保険・コンサル等）へと大きな転換点にさしかかっています。ここでは、「事業承継」「経営の安定」「人材の確保」「その他、経営課題の解決」（ソフト）についてみてみましょう（各支援措置の内容・要件等は変更が生じる可能性がある）。

事業承継税制

　事業承継税制は、経営承継を図りたい方が活用可能な支援措置であり、平成30年度から大幅に拡充されました。また、平成31年度からは新たに個人事業者向けが創設されています（詳細は**第2章9.** 参照）。

（1）　株式会社向け

　事前の計画策定など、一定の要件を満たした場合には、承継する株式にかかる贈与税や相続税を100％猶予・免除することができます。また、非上場の中小企業であれば、農業法人でも活用可能です。

　これまでは、1人の経営者から1人の後継者へ自社株式を贈与・相

続する場合のみが相続税・贈与税の猶予・免除の対象でしたが、平成30年度からは、親族者を含む複数の株主から、複数の後継者（最大3人）への承認も相続税・贈与税の猶予・免除の対象となっています。さらに、5年間は雇用の8割を維持する義務もなくなりました。

（2） 個人事業者向け

個人事業者の方が事業承継用資産を後継者に引き継ぐ場合、承継する事業用資産について贈与税や相続税の猶予・免除が受けられます。なお、既存の事業用小規模宅地の特例とは選択制となります。

（3） 本制度のポイント

農業分野に限らず、日本の中小企業は経営者の高齢化に伴い、事業承継は喫緊の課題です。平成20年に経営承継円滑化法が成立しましたが、後継者不足の中小企業が多いことから、事業承継しやすい環境を整備するために事業承継税制や民法の特例なども併せて、幾度となく制度が見直されてきました。

同時期の、農商工連携促進法（平成20年）や6次産業化・地産地消法（平成22年）の成立、農地法の改正（平成21年）による企業の農業参入・農業者の法人化などに伴い、中小企業と同様の事業承継の特例が農業法人にも認められるようになっています。法人化することで事業承継がしやすくなりますので、大規模経営の個人農業者は事業承継の前に法人化を検討する価値があります。

また、補助を受けて取得した機械等を法人に引き継ぐ個人農業者でも、農業者が引き続き法人経営に携わった場合には補助金の返還は不要です。ただし、農事組合法人は対象外です。

収入保険

　収入保険は、農業経営のリスクに備えるのに活用可能な支援措置です。平成31年1月から新たにスタートしています。ほとんどすべての農産物が対象となり（肉用牛、肉用子牛、肉豚、鶏卵を除く）、自然災害だけではなく、価格低下などを含めた収入減少の一部（基準収入の9割を下回った額の最大9割）が補てんされます。

（1）　制度の概要

　本制度は、青色申告実績が1年以上ある農業者であれば加入することができます。青色申告は簡易な方式でもよく、青色申告実績が長いほうが収入減少に対する補てん割合が大きくなります（最大5年）。

　収入保険と類似の収入減少を補てんする制度（農業共済、ナラシ対策、野菜価格安定制度等）とは選択加入制となり、どちらか一方を選択して加入することになります。

　また、収入保険は、自然災害による不作だけでなく、価格低下などによって生じる収入減少も補てんの対象となります。一方で、農業共済は自然災害等による損失のみが補てんの対象です。

（2）　制度のポイント

　収入保険はすべての農産物（従来から支援制度がある畜産系を除く）を対象としたこと、また、自然災害以外の市場価格の低下や各種事故による収入減少も対象としたことがポイントです。

　国は、農業の成長産業化および農業経営の法人化の進展に必要な制度として、農業の公的保険の導入・拡大に大きく舵を取りました。その結果、個人の農業者（主に規模拡大や法人化を目指す認定農業者等）も加入対象に含まれることとなっています。

　従来から中小企業施策の前提は、青色申告を行っていることとなっています。今後、農業分野で中小企業施策と同様の支援措置を利用する場合は、必ず青色申告をしておく必要があります。青色申告（決算書の作成）は、経営を客観的に正しく把握・分析することであり、経営の基本といえます。中長期の経営計画を立てる場合には必須であり、"どんぶり勘定"ではこれからの農業経営はできません。農業者にも、企業としての経営感覚が求められているといえるでしょう。収入保険は、従来からの保険・共済制度と上手に組み合わせて無理のない範囲で利用することが大切です。

人材確保を図りたい方が活用可能な支援措置

　人材を確保する場合には、「農の雇用事業」を活用して、研修実施時に助成を受けることや、所得拡大促進税制を活用して、アップさせた給与総額の一部に対して税額控除を受けることができます。

（1）　農の雇用事業

❶　制度の概要

　農の雇用事業には、3つのタイプがあります。

　・雇用就農者育成・独立支援タイプ

　農業経営者（個人・法人）が、新規就農者を雇用する際、農業生産技術や出荷・販売ノウハウ習得のために実施する研修に要する費用として、年間最大120万円、最長2年間助成。

　・新法人設立支援タイプ

　農業経営者（個人・法人）が、新規就農者を雇用し、独立または経営継承を伴う農業法人設立に向けて実施する研修に対して1～2年目は年間120万円、3～4年目は年間最大60万円、最長4年間を助成。

　・次世代経営者育成タイプ

　農業経営者（個人・法人）が、雇用者を次世代経営者として育成するために、先進的な農業法人・異業種の法人への派遣のうえで実施する研修に対して、月最大10万円、最長2年間を助成。

❷　要件

　前述したタイプのうち、雇用就農者育成・独立支援タイプ、新法人設立支援タイプには、主に以下の要件があります。

・新規就農者を正社員として雇用しており、研修開始時点で4ヵ月以上経過していること（新法人設立支援タイプで経営承継する場合を除く）。

・労働保険・社会保険に加入し、就農規則を整備していること（独立希望者は有期雇用でも可）。

・農業者の働き方改革の実行計画を作成して従業員と共有すること。

・研修指導者（経営者）等が人材の育成・定着に関するセミナーを受講すること　等

　また、次世代経営者育成タイプの場合には、主に次の要件があります。

・法人の場合、研修終了後1年以内に、当該雇用者を役員または部門責任者等の経営の中核を担う役職へ登用することを確約していること。

・個人の場合、研修終了後1年以内に、当該雇用者に経営を委譲するか、法人化したうえで役員へ登用することを確約していること。

❸　必要な手続き

　本制度を活用する場合、新規就農者（研修生）を雇用した後に、各都道府県農業会議に応募申請をします。そして、審査を経て採択後、研修を開始します。

（2）　中小企業向け所得拡大促進税制

❶　本制度の概要

　中小企業や個人事業者が従業員（継続雇用者）の給与等をアップさせた場合、アップさせた給与等総額の一部を法人税額・所得税額から控除することができます（税額控除によって、経営上の負担を和らげることができる。平成30年度から要件変更)。

❷　要件

　給与等の支給総額が前年度比以上で、かつ継続雇用者に支払った給与等支給額が前年度比1.5％以上増加した場合、支給総額の増加額の15％を法人税・所得税額から控除できます。

　また、本制度には、さらに上乗せ措置があり、継続雇用者に支払った給与等支給額が前年度より2.5％以上増加していることに加えて次のいずれかの要件を満たす場合には、法人税・所得税額の税額控除率が25％に拡大します。

　・教育訓練費が対前年度比10％以上増加
　・中小企業経営強化法に基づく経営力向上計画の認定を受けており、
　　経営力向上が確実になされていること

（3）本制度のポイント

　前述した「事業承継税制」と同様、農業者の高齢化と減少に対する策といえます。まずは、新規就農者を増加させることが主目的ですが、単に農産物を生産する農業技術だけを習得するのではなく、将来独立し、また法人経営を任せられる中核となる人材を育成することが目標となっています。これからの農業には経営感覚が不可欠であり、そのためいずれも「経営」を意識した支援内容となっています。

農業経営者サポート事業

　農業経営者サポート事業は、経営相談したい方が活用可能な支援措置です。平成30年度から専門家を派遣する事業が拡充されました。新たに都道府県段階に「農業経営相談所」を設置し、法人化・労務管理・事業計画作成・規模拡大など、担い手農業者が抱える経営上の課題に対して、現場に専門家を派遣するなど、伴走支援の形でサポートするものです。

（1）　本制度の特徴

　各都道府県に設置されている農業経営相談所では、経営診断などを実施したうえで、専門家（中小企業診断士、税理士など）を中心とした支援チームが経営課題の解決に向けた支援をすることを通じて、個別の課題に限らず、様々な課題に伴走支援しながらサポートするものです。中小企業診断士・税理士、社会保険労務士などのほか、農業経営アドバイザーや実際の農業経営者など、様々な専門家と連携することで、多様な農業経営上の課題に対応することができます（ 図表2 −26 ）。

（2）　本制度のポイント

　今後の農業経営は、個人経営から法人経営にシフトしていくことで、経営の安定化を図るといった傾向にあります。その流れにあって農業者に経営感覚を身につけていただくため、近年の中小企業施策で主流となっている伴走型の支援措置、つまり、専門家の派遣事業の拡充を図る必要性が高まっています。

　伴走型とは、単なる診断指導ではなく、経営者と一緒に課題解決に向けた具体策を策定し、実現するまで一緒に走り続けることを意味し

図表2−26　農業経営者サポート事業のイメージ

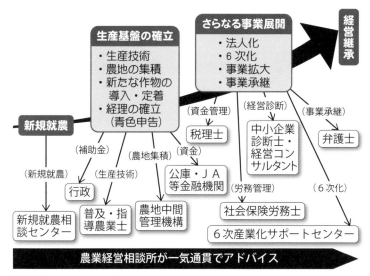

（出所）農林水産省ホームページより作成

ています。

　この支援措置で、農業技術の専門的な知識だけではなく、農業を企業経営と捉えて支援する中小企業診断士、社会保険労務士などの経営コンサルタントが派遣できるようになりました。活用の場面としては、個人農業者の法人化の検討、事業承継、労務管理体制の見直し、生産規模の拡大、農産物の販路拡大、6次産業化の検討などが挙げられます。

　また、この支援措置は無料ですので積極的な利用をお勧めしたいところです。

9. 農業法人等の事業承継税制

事業承継税制は、経営承継を図りたい方が活用可能な支援措置であり、平成30年度以降、大幅に拡充されたことは前述のとおりですが（第２章８．参照）、ここで確認です。

Q JA職員として、農業者に対し事業承継の話題を切り出すのは、次のどちらのタイミングが望ましいでしょうか。

A　社長が病気で入院した。仕事への復帰は難しいようだ。

B　社長は元気だ。少なくとも10年は社長を続けられるだろう。

望ましいのは、Bです。

事業承継は、後継者の育成も含めると、準備に５～10年ほどかかることから、経営者が60歳になった頃が１つの目安という見方もあります。

かつては、「社長はいつごろバトンタッチを考えていますか？」と尋ねてしまうと「私に早く辞めろといいたいのか！」と叱られるかもしれないので、選択肢Aのタイミングを待つべきであるという意見があったのも事実です。しかし、最近では、事業承継は会社や事業の５年後、10年後といった将来を考える大きなプロジェクトのなかの１つのステップであり、経営者交代を機に飛躍的に事業を発展させる機会

と前向きに捉えるものになってきています。

　国の取組みとして、経営者が元気なうちに計画的な事業承継を後押しするため、平成20年に経営承継円滑化法が施行されましたが、期待されたほど利用が進まなかったこともあり、平成30年度税制改正でさらに踏み込んだ大改正が行われ、「特例事業承継税制」が創設されました。これは、事前の計画策定や従業員の雇用などの要件を満たせば、承継する株式にかかる贈与税・相続税の負担が一切なく会社を引き継げる画期的な制度となっています。

　また、個人農家については、平成30年度税制改正において、「農地の贈与・相続に係る特例措置」、平成31年度税制改正において、「特例事業承継税制（個人版）」が創設されています。

　ここから、その内容を詳しくみてみましょう。

〈農業法人・農業者に係る事業承継税制〉

　①　特例事業承継税制（法人版）…平成30年度創設
　②　特例事業承継税制（個人版）…平成31年度創設
　③　農地の贈与・相続に係る特例措置（個人版）…平成30年度改正

特例事業承継税制（法人版）

（1）　特例の内容

　後継者が贈与・相続により承継する非上場株式等の株式にかかる税金（贈与税・相続税）が一切不要となります。後継者の贈与税・相続税の納税が猶予され、さらに次の世代に承継した際に、それまでの猶予が免除となる仕組みです。

（2）　主な条件

　後継者が事業を継続し、従業員の雇用を維持する必要があります。

9. 農業法人等の事業承継税制

図表2－27　利用条件と対象（贈与または相続）

利用条件	対　象 （贈与・相続）
☑ 代表者が特例経営承継受贈者である（役員就任後３年を経過しているなど）	贈与
☑ 代表者が特例経営承継相続人等である（先代の死亡（※）の直前において役員であったなど） ※死亡時に先代が60歳未満であった場合を除く	相続
☑ 直近の事業年度における総収入金額が０を超える	贈与・相続
☑ 常時使用する従業員の数が１人以上	贈与・相続
☑ 認定申請基準日における常時使用する従業員の８割以上を維持（実質的には厚生年金保険および健康保険加入者をベースにすればよいことに緩和）	贈与・相続
☑ 同族関係者と合わせて株式の過半数を保有する	相続・贈与
☑ 資産保有型会社（※）に該当しない ※資産総額に占める特定資産（有価証券、自ら使用していない不動産など）の割合が70％以上	相続・贈与
☑ 資産運用型会社（※）に該当しない ※総収入金額に占める特定資産の運用収入（配当金、受取利息、受取家賃など）の割合が75％以上	相続・贈与

具体的には 図表2－27 のとおりです。

（3）　納税猶予の全体の流れ

令和９年12月31日までに贈与を受ける、もしくは贈与はしておらず先代から令和５年３月31日までに相続が発生したという２つのケースについて、納税猶予の流れは次のとおりです。

ケース１

令和９年12月31日までに、先代経営者Ａの生前に株式等の贈与を受

ける場合

❶ 「特例承継計画」を平成30年４月１日から令和５年３月31日まで
に都道府県庁に提出

     （承継手続開始）

❷ 先代経営者Ａは贈与時点までに代表権を返上。後継者Ｂは贈与
時点で代表者に就任

     （先代経営者Ａは、特例適用後５年間、代表者への復帰や
給与の支給はできなくなる）

❸ 保有している非上場株式を一括して後継者に贈与、５年間の経
営贈与承継期間の開始

     （株式の一部でも譲渡は不可。代表権を有している、贈与
時の雇用の８割を維持することなどが守られないと、特例
は終了し、贈与税の全額と利子税を納付することになる）

❹ 経営贈与承継期間の経過後は、特例適用の縛りは一定程度緩和

     （株式の一部譲渡は該当部分の贈与税と利子税を納付する
など。また、先代経営者が経営へ復帰しても、引き続き
贈与税の納税は猶予される）

❺ 先代経営者Ａの死亡。贈与税の免除が確定し、相続税が納税猶
予となる

     （令和９年12月31日までに贈与をした後であれば、先代の
死亡時期にかかわらず、贈与税の免除が確定し、今度は
相続税の猶予が適用される）

❻ 現経営者Ｂから３代目Ｃへの事業承継

     （相続税の免除が確定し、特例適用による、先代経営者Ａ
からの株式の承継は一切の税負担なく終了）

❼ ３代目Ｃによる事業へ

特例承継計画を令和5年3月31日までに提出していなかった場合の贈与は、「一般事業承継税制」の適用となり、株式は3分の2まで納税猶予が受けられます。

ケース2

贈与はしておらず、先代経営者Aから令和5年3月31日までに相続が発生した場合

❶ 株式等の相続税の納税猶予適用の認定申請をする際に、特例承継計画を都道府県庁に提出

　　　　（令和5年3月31日までに承継計画を提出しなければならないのは、贈与税の猶予の場合と同じ）

❷ 後継者Bは相続開始の日から5ヵ月以内に株式を相続し代表者（代表取締役であれば専務等でも可）に就任、5年間の経営承継期間の開始

　　　　（株式の一部でも譲渡は不可、代表権を有している、贈与時の雇用の8割を維持、等が守られないと特例は終了し、相続税の全額と利子税を納付）

❸ 経営贈与承継期間の経過後は特例適用の縛りは一定程度緩和

　　　　（株式の一部譲渡は該当部分の相続税と利子税を納付など）

❹ 現経営者Bから3代目Cへの事業承継

　　　　（相続税の免除が確定し、特例適用による、先代経営者Aからの株式の承継は一切の税負担なく終了）

❺ 3代目Cによる事業へ

特例承継計画を令和5年3月31日までに提出していなかった場合の贈与は、「一般事業承継税制」の適用となり、株式の評価額の80％に

対応する相続税の納税猶予が受けられます。

特例事業承継税制（個人版）

個人事業主向けの特例事業承継税制が、平成31年1月1日から令和10年12月31日までの10年間の時限措置として創設されました。

（1）　特例の内容

後継者が先代から承継した事業用資産について、贈与税・相続税の全額が猶予されます。既存の事業用小規模宅地の特例とは選択制です。

（2）　対象となる事業用資産（特定事業用資産）

青色申告書の貸借対照表に計上されている土地、建物、減価償却資産が対象です。例えば、農地等以外の土地・建物（畜舎・ライスセンター等。土地は400㎡、建物は800㎡まで）、機械・器具備品（トラクター、コンバイン、自動計量器等）、車両・運搬具（トラック等）、生物（入用牛、繁殖母豚、かんきつ樹、茶樹等）、無形償却資産（育成者権等）などで活用できます。

（3）　主な要件

青色申告の承認を受けていることが必要です。また、平成31年4月1日から令和6年3月31日の間に「個人事業承継計画」を都道府県に提出して承認を受けていることも要件となります。

さらに、平成31年1月1日から令和10年12月31日の間に対象資産（特定事業用資産）のすべてを贈与または相続し、事業（農業）を承継し、経営承継円滑化法に基づく都道府県の認定を受けることも要件です。

猶予後は、3年に1回、税務署に「継続届出書」を提出します。

農地の贈与・相続にかかる特例措置

　平成30年度税制改正により、農地等についての贈与税・相続税の納税猶予制度が一部改正されました。贈与、相続それぞれの場合における改正後の主な内容は以下のとおりです。

（1）　贈与の場合

　農業者が、農業の用に供している農地の全部を後継者に一括して贈与した場合、後継者に課税される贈与税の納税が猶予されます。贈与者または受贈者のいずれかが死亡したときに贈与税は免除となります。
　本制度の要件は、贈与者・受贈者それぞれにあります。
　先代経営者（贈与者）は、贈与の日まで引き続き3年以上農業を営んでいる個人であることが要件です。また、後継者（受贈者）の要件は、贈与者の推定相続人であることと、農業委員会が以下のすべてに該当することを証明した個人であることです。

　・年齢が18歳以上
　・3年以上農業に従事している
　・農地取得後、速やかに農業経営を行うこと
　・担い手になっていること

（2）　相続の場合

　相続または遺贈により取得した農地が引き続き農業に用いられる場合、相続税額のうち農業投資価格を超える部分に係る相続税が、一定の要件のもとに猶予されます。相続人が死亡した場合等に、猶予税額が免除となるものです。
　また、納税猶予期限が、三大都市圏の特定市以外の区域内の生産緑地地区内の農地等について、営農継続要件が終身（改正前は20年営農

で免除）とされました。

　本制度の要件も、被相続人・相続人それぞれにあります。

　先代経営者（被相続人）は、次のいずれかに該当することが必要です。

　・死亡日まで営農していた者

　・生前一括贈与した者

　・死亡の日まで特定貸付を行っていた者

　また、後継者（相続人）は、次のいずれかに該当することが必要です。

　・相続税の申告期限までに営農を開始し、引き続き営農を行う者

　・生前一括贈与を受けた受贈者

　・相続税の申告期限までに特定貸付を行った者

第3章

農業法人の支援に
活用できる
ＪＡグループの商品・
サービス

1. JA営農指導事業と JA総合事業支援

JA営農指導事業

（1）　JA営農指導事業とは

　農協法は、JAについて「その事業を行うに当たっては、農業所得の増大に最大限の配慮をしなければならない」と定めています（農協法7条2項）。そして、JAの第一の事業として「営農指導事業」が位置づけられています。

　JAは、組合員が自らの営農と生活の改善・向上を図るために結束した自主的な組織であり、営農指導事業についても、組合員の必要性に基づき、自主的に営農を改善する協同活動を助長するものです。

　そのうえで、組合員の組織化をはかることにより、販売事業を中心にJAにおける優位性を発揮するとともに、JA管内における農用地や農業労働をはじめとする各種農業資源の有効活用により、組合員の農業所得増大ひいては地域農業振興に寄与する活動を行っています。

〈農協法〉
　7条　組合は、その行う事業によってその組合員及び会員のために

　　　最大の奉仕をすることを目的とする。
　（２項）組合は、その事業を行うに当たっては、農業所得の増大に
　　　　　最大限の配慮をしなければならない。
　（３項）組合は、農畜産物の販売その他の事業において、事業の的
　　　　　確な遂行により高い収益性を実現し、事業から生じた収益
　　　　　をもって、経営の健全性を確保しつつ事業の成長発展を図
　　　　　るための投資又は事業利用分量配当に充てるよう努めなけ
　　　　　ればならない。
　10条　組合は、次の事業の全部又は一部を行うことができる。
　（１項）組合員（略）のためにする農業の経営及び技術の向上に関
　　　　　する指導

（２）　農業経営者のＪＡへのニーズ

　農林水産省の調査では、農業経営者からみた「ＪＡに最も強化して
ほしい事業」は、営農指導事業、販売事業、購買事業の順になってい
ます。また、同調査によれば、「ＪＡの営農指導事業を担当する営農
指導員等に期待する役割」として要望が高いのは、営農相談、販売支
援、経営管理支援となっています（ 図表３−１ ）。

ＪＡ総合事業支援

（１）　ＪＡ営農指導事業を基軸としたサポート

　前述のような背景から、ＪＡでは、組合員の要望に応えるため、生
産から販売までの各段階において、ＪＡ農業振興計画の策定や生産部
会の支援など地域農業をマネジメントする「営農企画」、施肥防除や

図表３－１　　農業経営者のＪＡに対するニーズ

最も強化してほしい事業

1. 営農指導事業（35.3%）　　6. 利用事業（2.6%）
2. 販売事業（30.4%）　　　　7. 信用事業（1.3%）
3. 購買事業（11.6%）　　　　8. 共済事業（0.4%）
4. 作業受託（8.4%）　　　　 9. その他（4.5%）
5. 加工事業（5.0%）

最も強化してほしい事業1.～3. の詳細

〈1. 営農指導員に期待する役割〉
①営農相談（52.4%）
②販売支援（24.0%）
③経営管理支援（7.6%）

〈2. 農畜産物の販売事業に期待すること〉
①販売力の強化（79.4%）
②消費者ニーズの把握と生産現場への情報提供（28.4%）
③販売手数料の低減（24.2%）
④営農指導との連携強化（22.0%）
⑤産地化の促進（19.7%）

〈農業所得向上のためにＪＡの販売事業は何をすべきか〉
①実需者との契約栽培の推進（35.7%）
②新技術・新品種・新手法等の開発、普及（30.1%）
③買取販売の実施・拡大（27.2%）
④出荷規格の簡素化（20.6%）
⑤実需者からのオーダーに応じた出荷規格・数量対応（17.8%）
⑥ＪＡ自らによる農畜産物の加工販売（16.9%）
⑦通販、インターネットを利用した消費者への直接販売（16.8%）
⑧環境保全型農業や有機農業の推進（14.7%）
⑨出荷卸売市場の選別（12.8%）
⑩地域団体商標の登録等によるブランド管理（11.5%）
⑪輸出への取組み（11.3%）

〈3. 農業資材の供給（購買事業に期待すること）〉
①価格の引下げ（80.4%）
②新商品情報の提供、使用方法等の相談機能の充実（29.8%）
③品揃えの充実（25.9%）
④土壌分析結果や農産物販売先のニーズに応じた施肥・農薬使用提案等（23.3%）
⑤夜間、祝祭日の営業等、営業時間・営業日の拡大（15.7%）

（出所）農林水産省「農業協同組合の経済事業に関する意識・意向調査」（平成25年12月）より作成

新品種導入など栽培指導を行う「営農技術」、個別経営体の営農計画や財務・労務などを支援する「農業経営」の分野にかかる適切なサ

ポートを行い、マーケットイン（注18）の発想に基づいた生産販売提
案や経営改善提案など、「営農指導事業」を基軸として、ＪＡの総合
事業による様々なメニューを提供しています。

<small>（注18）市場の動き、購入者・利用者のニーズを優先して商品・サービスを産
み出し、提供すること。</small>

（2）　農業法人への支援の強化

　近年、法人化する組合員は増加傾向にあります。農業法人のニーズ
に応えていくためには、これまでの生産組織や生産部会等を通じた集
団的指導のみでなく、農業法人と個別に対話して、様々なサービスを
提供していくことも必要です。その農業法人にとって優先度の高い課
題をヒアリングし、その課題解決のために有効となるＪＡ事業利用の
提案を行って、頼れるパートナーとしての関係を構築していかなけれ
ばなりません。

　ＪＡグループでは、農業法人の多種多様なニーズに対応するために、
農業法人に出向き、営農指導事業を中心とした販売・購買事業、信用
事業、共済事業といった法人経営を総合的に支援できる体制を充実さ
せています。

　つまり、ＪＡは、職員の「出向く活動」を強化するとともに、「総
合事業による農業法人支援」の強化に取り組んでいるのです（ 図表
3－2 ）。

　現在、多くのＪＡでは、地域農業の担い手に出向くＪＡ担当者であ
るＴＡＣ（Team for Agricultural Coordination。とことん あって コ
ミュニケーション）を設置してＴＡＣ活動に取り組んでいます。

　ＴＡＣ活動の目的は、「担い手を訪問して聴き取った情報をもとに、
担い手農家の視点に立った事業提案をおこなうことにより、担い手が
成果を得られた結果、ＪＡグループとの信頼関係が結ばれるとともに

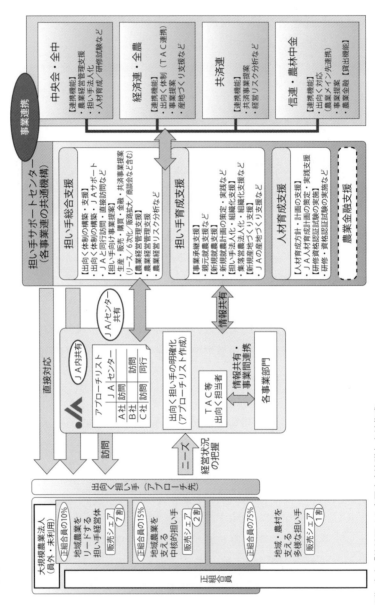

図表３－２　県域担い手サポートセンターによるＪＡの支援・補完

（出所）全中「第28回ＪＡ全国大会決議」より作成

図表3-3　JAによる農業経営支援の強化

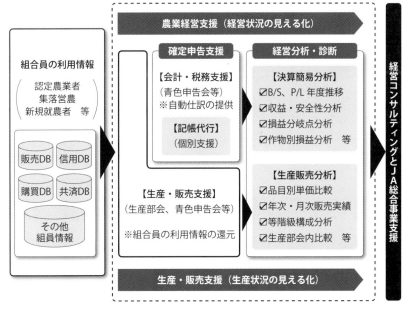

（出所）全中「第27回JA全国大会決議」より作成

JAの事業にも結びつけていくこと」です。

　農業法人など地域農業の担い手に日々出向き、その担い手の声・要望を収集しJAにつなぐことにより、JAグループの事業に反映させ、JAグループの事業方式の改革や事業メニューの開発などの事業拡大に貢献しています。

農業経営支援の強化

　JAグループでは、農業経営の経営管理の高度化を支援するため、営農指導事業の要として、特に「農業経営支援」の取組みを強化しています（図表3-3）。

1．ＪＡ営農指導事業とＪＡ総合事業支援

（1）　農業経営支援の展開

　ＪＡ全中は、平成19年度から、組合員の簿記記帳の啓発、農家の決算書づくりを支援する記帳代行、青色申告への誘導等の会計・税務にかかる支援をスタートしました。組合員の生産・販売データや決算データ等に基づく経営分析診断書を活用して、組合員の農業経営支援に取り組んでいます。

　そして、この支援をきっかけに、個別に農業法人等の経営全体に関する営農計画や事業承継計画などの策定・実践の支援を行う「ＪＡ農業経営コンサルティング」とＪＡの総合事業を活用して、販売・購買・融資・共済など様々な支援メニューを提案する「ＪＡ総合事業支援」に取り組むことを目標としています。

（2）　ＪＡ農業経営コンサルティングの強化

　多くのＪＡでは、これまでも経営不振経営体に対する経営改善指導を目的としたコンサルティングを実施してきましたが、農業法人の経営発展等の支援については実績が少ないのが実態です。農業法人からも信頼されるパートナーとして関係を構築していくために、今後は農業法人に対する農業経営コンサルティング機能を強化していく必要があります。

　ＪＡが農業経営のコンサルティングを行う目的には、「農業経営を総合的に支援して、農業法人の目標、利益や夢を一緒に実現していく」ことにあります。

　このため、コンサルティングの対象者は、地域農業をリードする農業法人や集落営農法人等の大規模経営体であり、コンサルティングの重点範囲は、中期経営戦略・営農計画策定支援、法人化支援、事業承継支援等です。

具体的には、次のような支援の分類と内容、対象先があります。

〈健康診断型（過去分析）〉

　・内　　容：現状分析による課題把握とその対策を見極める

　・対象先：データ提供者（希望する農業法人）

〈経営再建型（将来分析）〉

　・内　　容：経営者の意欲を確認。経営不振に至る背景等要因分析を行い、経営再建に向けた手法を分析する

　・対象先：経営不振の農業法人

〈成長・発展型（将来分析）〉

　・内　　容：農業環境や経済環境を踏まえた経営戦略や経営計画の着実な実践（法人化や事業承継など）に向けた検討を行う

　・対象先：希望する地域の中核的農業法人

2. 信用事業

　信用事業は、「農業メインバンク」として、担い手のニーズに応え、経営課題をともに解決し、成長を支援するよう日々取り組んでいます。しかし、ここまでに述べたとおり、農業法人化の進展によって担い手のニーズは多様化しています。また、地域の各金融機関による農業融資への取組みの積極化の動きもみられます。

　このような状況のなか、ＪＡバンク（ＪＡ・信連・農林中金）は、「農業メインバンク」としての地位の確立や機能発揮をめざし、農業金融の強化に取り組んでいます。具体的には、農業者所得と満足度の向上、農業融資伸長の実現、生産者・産業界・消費者をつなぐ食農バリューチェーンの拡充に向け、金融サービスの枠を超えたＪＡグループならではの総合的なソリューションの提供を目指しています（図表3-4）。

　各ＪＡでは、貸出強化に向けて、農業融資専任担当者の設置や営農指導・経済事業担当者との連携などの体制整備、目利き力・事業性評価などの人材育成などにも取り組んでいるところでしょう。ここでは、個人農業者が法人化した後も、ＪＡがメインバンクの地位を維持していくという観点から有効と考えられる取組みのポイントを、基本的事項も含めて紹介します。ＪＡにおける現場での貸出強化の取組みに、必要に応じて取り入れることをお勧めします。

図表3-4　JAバンクの担い手支援のイメージ

担い手	JAバンク		
	JA ・農業近代化資金 ・スーパーL資金(受託貸付) ・JA農機ハウスローン、営農 　ローンなどのプロパー資金等	**信連** **農林中金**	**総合的な 金融サービスの提供** ・経営診断 ・ビジネスマッチング ・将来的な株式上場支援　等 ・アグリビジネス投資育成株式 　会社による出資

（本文表組み）

- 認定農業者（農家）
JA出資法人
集落営農組織
など
- 農業法人
農業関連法人
など

・農業近代化資金 ・スーパーL資金(受託貸付) ・プロパー資金　等	JAグループ担い手づくり 対策と連携
・農林水産環境ビジネスローン　等	JA全中等との連携

JA	認定農業者（農家）・JA出資法人・集落営農組織等の担い手に対する融資対応を行う。
信連 農林中金	JAの取組みを推進・支援するとともに、JAの対応が困難な農業法人等に対して、直接融資またはJA・信連との協調融資等によって積極的な金融対応を図る。

（出所）JAバンクホームページより作成

法人化後に農業法人が必要とするサービス・機能

　法人化後、事業が拡大していくと想定すると、農業法人では、日常的な変化として経理をはじめとする事務処理の負荷が高くなっていき、必要となる運転資金の額が大きくなっていきます。これらの課題に対応するサービス・機能として、法人インターネットバンク（以下、「法人JAネットバンク」という）と運転資金の十分な枠（スーパーS資金など）が挙げられます。

（1）　法人JAネットバンクによる決済機能の提供

　毎月の事務処理において、売上の入金管理、仕入れの支払いなどを管理する取引先数が増えます。また、従業員を雇用すると、給与振込

の処理は支給日に必ず間に合わせる必要があります。各種書類の作成、電話やメールのやり取りを行いつつ、期限厳守の振込みの事務処理を抱えることは、経理担当者（社長自ら担当する場合もある）には心理的なプレッシャーも負うことになります。

　この課題に対応するサービス・機能が、法人ＪＡネットバンクです。これは、ＪＡネットバンク（個人向け）にはない、総合振込（買掛金などの毎月の振込みなど）、給与振込の機能があるため、効率的な事務処理が可能となります。ある農事組合法人で、毎月の振込処理に半日掛かっていたものが、１〜２時間で済むようになったという事例もあります。

（2）　スーパーＳ資金などによる十分な運転資金の枠の提供

　運転資金は、主に、経費等の支払いと売上金の入金との間で、一時的に発生するズレを埋めるために必要となるものです。法人になり、事業規模が拡大すると一時的な不足額が大きくなるため、その額に見合った資金の提供が可能となるよう、改めて極度貸付（設定した枠の範囲内で繰返し利用可能な貸付け）の設定を大きくする必要が生じます。

　個人農業者においては、営農ローンなどの当座貸越枠等で対応しているケースが多いと想定されますが、認定農業者の農業法人の場合は、例えば、スーパーＳ資金（農業経営改善促進資金。要件等は後述）の利用が考えられます。制度上の金額の上限（枠）は2,000万円であり、随時償還・借入れが行えます。手続きには一定の期間を要しますので、スピードを優先する場合、または、認定農業者以外の農業法人の場合は、プロパー資金の活用も検討します。

（3） メインバンクとして提供する機能・サービスのバージョンアップ

　ＪＡは、個人農業者のメインバンクとして、窓口やＡＴＭでの振込みの取扱い、営農ローンの提供などをしています。法人化した先に対しては、上述のように、法人ＪＡネットバンク、スーパーＳ資金などにバージョンアップさせることが、引き続きメインバンクであるために必要な対応となります。また、対応のタイミングも重要であり、他金融機関からの提案に先んじておくことが有用です。

❶　決済機能
　・個人農業者：ＪＡ窓口やＡＴＭへの来店やＪＡネットバンク（個人用）の利用
　・農業法人：法人ＪＡネットバンク
❷　運転資金の十分な枠
　・個人農業者：営農ローンなど
　・農業法人：スーパーＳ資金など

　　資金ニーズへの対応

　運転資金の提供がメインバンクの証となることについては前述のとおりですが、設備資金など長期資金を含めた資金ニーズに対応することは、当該農業法人の成長はもとより、地域経済の成長にも貢献する面もあるため（新たな雇用を生むなど）、取り組む意義は大きいといえます。

　運転資金、長期資金とも多種多様な資金がありますので、日本政策金融公庫資金の有効活用も選択肢に置き、利用目的、利用要件などを踏まえ、提案を行います。

2. 信用事業

図表3－5 「スーパーＳ資金（農業経営改善促進資金）」の概要

特徴	認定農業者が、農業経営改善計画等を達成するために必要な運転資金全般に利用可能な低金利な制度資金
対象者	認定農業者（個人・法人）
資金使途	営農にかかる短期運転資金（例） ・種苗費、肥料代、飼料代、雇用労賃等の経費 ・肉用素畜、中小家畜等の購入費 ・小農具等営農用備品、消耗品等の購入費 ・営農用施設・機械等の修繕費 ・地代・賃借料および営農用施設・機械のリース・レンタル費など
貸付方式	手形貸付・当座貸越・証書貸付
極度額等の上限	・個人：500万円（＊） ・法人：2,000万円（極度額等の上限）（＊） ＊畜産経営または施設園芸を営む場合は上記金額の４倍。
償還期限	１年以内（農業経営改善計画の範囲内において書替可能）
金利	低金利（変動金利）
その他	・ＪＡ等民間金融機関の資金を原資とし、国または地方公共団体からの利子補給等により、低利で融資される資金 ・経営改善資金計画書の作成が必要 ・原則として農業信用基金協会保証を利用

（1） 運転資金（資金繰り）の対応

　運転資金は、事業者や企業を人の体に見立てた場合の「血液」に例えられます。経費等の支払いと売上金の入金との間で一時的に発生するズレを埋めるものであるため、必ず回収される性質をもっています。

　個人農業者は、営農ローンなどの当座貸越枠等で対応していますが、法人になり事業規模が拡大すると、一時的な不足額が大きくなる場合も考えられるため、その額に見合う極度貸しの再設定などを行う必要があります。

図表3－6　「アグリマイティー資金」の概要

特徴	ＪＡ独自の資金。スピーディな対応が可能であり、幅広い資金使途に対応
対象者	農業者（個人・農業法人等）、一定の要件を満たす集落営農組織
資金使途	・農地等の取得・改良など ・農業用設備・施設・農機具の取得・改良・造成資金など ・営農全般にかかる長期・短期の運転資金など
借入限度額	事業に必要な資金の100％以内（上限額はＪＡの定めによる）
償還期限	①長期資金：原則10年以内（据置期間３年以内）、ただし対象事業に応じ最長20年以内 ②短期資金：１年以内。契約更新には別途手続きが必要
金利	変動金利・固定金利
その他	・原則として農業信用基金協会保証を利用 ・必要により担保・保証人を設定する場合あり

　また、継続更新のために、毎年定期的な業況を確認する過程は、信用事業担当者の目利き力を養うことにつながり、新たな資金ニーズを把握する機会になります。

　資金の一例としては、認定農業者（個人・法人）で運転資金のニーズがある先には、スーパーＳ資金（農業経営改善促進資金（ 図表3－5 ））の利用が考えられます。貸付方式が極度貸付であることから、随時償還・借入が行えます。そのため、一時的に不足する経費等を管理して、必要な金額だけ利用することで、支払利息の軽減を図ることが可能です。

　他には、ＪＡ独自の資金であるアグリマイティー資金（ 図表3－6 ）の利用が考えられます。アグリマイティー資金は、スーパーＳ資金よりも手続きのスピードが早く、認定農業者以外の農業者の利用も可能となるメリットがあります。

2. 信用事業

農業近代化資金

特徴	設備資金から運転資金まで様々な資金使途に利用できる長期・低金利の制度資金（農地取得の資金は対象外）
対象者	認定農業者（個人・法人）、認定就農者、農業者（個人・法人）、一定の要件を満たす集落営農組織、認定農業者となる計画を有する農業参入法人等
資金使途	・農舎等の建築物・農機具の取得、改良、復旧 ・果樹等の植栽、育成 ・家畜の購入・育成 ・農地、牧野の小規模な改良・造成（1,800万円以内） ・長期運転資金
借入限度額	・個人：1,800万円（特認（＊）2億円） ・法人・集落営農組織等：2億円 ＊資金の要項で定める条件（営む農業の規模等）を満たすこと。
融資率	原則、事業費の80％ ※認定農業者特例により、個人は1,800万円、法人・集落営農組織等は3,600万円までに限り、事業費の100％
償還期限	貸付対象者により15～17年以内（うち据置期間3～7年以内）
金利	固定金利（毎月改定、都道府県の措置要綱の定めによる）
その他	・ＪＡ等民間金融機関の資金を原資とし、国または地方公共団体からの利子補給等により、低利で融資される資金 ・経営改善資金計画書の作成が必要 ・原則として農業信用基金協会保証を利用

（2）　設備資金・農地資金

　設備資金は、農機具・農業用施設の購入、農地の購入などに利用されます。借入金額が大きく、期間も長い資金であり、メインバンクとして提供したい資金です。

　資金の一例としては、農業近代化資金（ 図表3－7 ）、スーパーＬ資金（農業経営基盤強化資金（ 図表3－8 ））、ＪＡ独自の資金であるアグリマイティー資金（前掲 図表3－6 ）・ＪＡ農機ハウスローン

図表3－8　　スーパーL資金（農業経営基盤強化資金）の概要

特徴	農地取得を含めた様々な用途に利用できる長期・低利の公庫資金
対象者	認定農業者
資金使途	・農地等の取得・改良など ・農業用設備・施設・農機具の取得・改良・造成資金など ・素畜・果樹等の導入にかかる長期運転資金など
借入限度額	・個人：3億円（特認（＊）6億円） ・法人：10億円（特認（＊）20億円） ＊資金の要項で定める条件（営む農業の規模等）を満たすこと。
償還期限	25年以内（うち据置期間10年以内）
金利	固定金利（日本政策金融公庫の定めによる） 一般：0.16％～0.20％（令和元年6月19日現在） 特例：0％ ※人・農地プラン特例等により貸付当初5年間実質無利子化
その他	・日本政策金融公庫原資（JAの収入は公庫資金の取扱手数料） ・原則として農業信用基金協会保証を利用 ・必要により担保・保証人を設定する場合あり

（ 図表3－9 ）があります。これら各種の制度資金、ＪＡ独自の資金の中から、利用資格、金利、手続きのスピードなど、ニーズに応じた資金を検討し、提案していきます。

（3）　出資

　法人化当初は自己資本が脆弱であることも想定されるため、財務の安定性向上を見据え、アグリビジネス投資育成株式会社のアグリシードファンドの提案も検討するとよいでしょう。

　「アグリシードファンド」とは、資本過小ながら技術力のある農業法人の育成のための資本供与の仕組みです。

　事業発展のステージにおいては、同社の「担い手経営体応援ファン

2. 信用事業

図表３－９　　ＪＡ農機ハウスローンの概要

特徴	ＪＡ独自の資金。スピーディな対応が可能。
対象者	農業を営むまたは従事するＪＡの組合員であり、ＪＡが定める一定の基準を満たす方。
資金使途	営農等に必要な資金 ・農機具（中古農機を含む）の購入、点検・修理、車検、購入に付帯する諸費用、保険掛金、および他金融機関の農機具ローンの借換え ・パイプハウス等資材、建設費用 ・格納庫建設資金 ・発電・蓄電設備の取得資金
借入限度額	事業に必要な資金の100％以内（上限額はJAの定めによる）
償還期限	ＪＡの定めによる（10年以内など）
金利	変動金利・固定金利
その他	原則として農業信用基金協会保証を利用

ド」やプロパーファンドなどを含めた提案も検討可能です。

　「担い手経営体応援ファンド」とは、農林中金がアグリビジネス投資育成株式会社と連携して創設したファンドで、耕作放棄地の利用・農地集積や６次化を図る農業法人のニーズに応えるための資本供与の仕組みです。

法人ＪＡネットバンクによる決済機能の提供

（１）　農業法人における事務処理の効率化の効果

　前述のように、法人ＪＡネットバンクによって、総合振込や給与振込の事務処理を効率的に行うことが可能です。さらに、農業簿記などの各種会計ソフトを利用している場合、インターネットバンクを通じて、取引明細を当該ソフトに自動で取り込むことができるため（自動取込については個人用のＪＡネットバンクでも可能）、仕訳処理にか

かる事務処理負荷を大きく軽減することが可能です（注19）。

（注19）法人ＪＡネットバンクウェブサイト「活用事例１・２」に、実際に導入した法人の例が掲載されている。振込効率化、仕訳効率化それぞれについて、以下のようなコメントがある。
　　　・遅れることのできない米・麦・大豆代金などの振込みについて時間的プレッシャーが減り、心が楽になった（農事組合法人の経理担当者）
　　　・ネットバンクと会計ソフトの連携で仕訳が楽になった。非常に簡単でうれしい（農業法人の代表者）

（2）　インターネットバンクの活用領域の拡大

　前述（1）で取り上げたインターネットバンクと会計ソフトの連携のほかにも、FinTech（注20）の成果として、ＪＡバンクでは、ＪＡネットバンクと連携して家計管理を行うアプリ「マネーフォワードｆｏｒ　ＪＡバンク」を提供しています（個人向け）。

　また、インターネットバンクを連携させることで、個人事業者・法人の資金繰り管理などで経営者をサポートするスマホアプリの提供も始まっています（ソリマチ株式会社の「スマホ社長」など）。このように、インターネットバンクの重要性は、今後も一層高まっていくと考えられます。

（注20）金融（Finance）と技術（Technology）を組み合わせた造語で、金融サービスと情報技術を結びつけた様々な革新的な動きを指す。

ＪＡならではの総合的な提案

（1）　総合事業による事業間連携

　ここまで、農業担い手が法人化した後もメインバンクとしての地位を維持するために有効と思われるアプローチのポイントについて述べました。

2. 信用事業

事業連携体制のイメージ

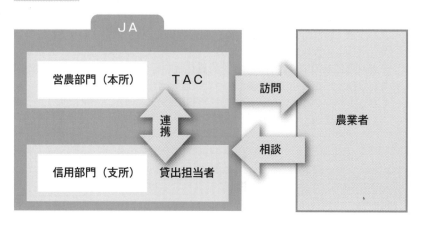

　そして、メインバンクであるためのＪＡの真の強みは、農業法人の多様化するニーズに対して、ＪＡ内の事業間が連携することで、金融サービスの枠を超えたＪＡならではの総合的な提案が行えることにあります。事業間の連携は、１つの案件が他部門に展開され、その部門の利用拡大にもつながり、持続可能な収支構造の確保も期待できます。

（２）　ＪＡ内での事業連携体制の例

　ＪＡ内の他部門との連携には、体制づくりが必要です（ 図表3－10 ）。現在、各ＪＡにおいて、貸出強化に向けた農業融資専任担当者の設置や営農指導・経済事業担当者との連携などの体制整備に取り組んでいるところです。連携の例として、次のようなケースが考えられます。

❶　信用事業の担当者が、営農指導員会議など他部門会議へ参加する
❷　ＴＡＣ・営農担当者・経済担当者・ＬＡ（ライフアドバイザー。後述）等と農業法人の経営に関する合同勉強会を開催して情報交換を行う
❸　補助金の情報を営農部門や営農センターから取得する

また、他事業の職員との同行訪問を行うなど、農業法人と接触する機会を増やし、経営者から相談されやすい環境を構築することも有効です（注21）。

（注21）事業間連携による地域密着金融の取組み（平成29年度）については、ＪＡバンクウェブサイト「ＪＡバンクの地域密着金融の取組について」（事例集）において紹介されている事例が参考になる。

3. 共済事業

農業におけるリスク

　法人が保険に加入した場合には、掛金を損金として費用計上することができます。安心して日々の経営を行えるだけでなく、財務上のメリットもありますので、必要な共済に加入することをお勧めしたいところです。

　農業における法人経営体が着実に増加しているところ、農業リスクについても、個人農家と異なる農業法人ゆえのものが増加する傾向にあります。また、個人農家が減少傾向にあるなかで、ＪＡとしても農業法人や次世代・新規就農者等へのリスク対策に関する共済の仕組みやサービスを拡充する必要性が高まっています。

　農業法人に対するリスク対策の提案を行うためには、まず農業法人経営者や従事する農業者にどのようなリスクが存在するか、認識しておかなければなりません。

　農業者を取り巻く主なリスクには、図表3-11 のようなものがあります。

（1）　個人農家、農業法人に共通する農業リスク

　個人農家、農業法人に共通する農業リスクとしては、次のようなも

図表3-11　農業者を取り巻くリスク

法人化・大型化することで生じるリスク	6次産業化することで生じるリスク
①経営者が万一の場合のリスク 　・借入金返済 　・死亡退職慰労金・弔慰金支払い ②従業員を雇用することに伴うリスク 　・労務管理 　・従業員の退職 　・従業員の横領 ③取り扱う情報量・資金が増大することに伴うリスク 　・顧客情報漏えい 　・現金盗難	①加工・流通・販売リスク 　・休業 　・出荷した農産物等の回収 　・貸倒れ ②民宿・レストラン・体験農業・観光牧場等のリスク 　・休業 ③農産物輸出に係るリスク 　・輸送途中の損害 　・貸倒れ

個人農家、農業法人に共通するリスク
①生産基盤・農業用施設のリスク 　・ほ場の損壊　　・農業用施設の損壊 ②生産活動におけるリスク 　・農作業中のケガ　　・自動車事故　　・第三者への賠償 　・自然災害による収入減少　　・自然災害以外の事由による収入減少 　・保管中農産物の損害 ③日常に潜むリスク 　・農業者自身が万一の場合の就農不能

のがあります。

❶　生産基盤・農業用施設のリスク

・ほ場の損壊

長雨や集中豪雨による土砂崩れや、ほ場の冠水による被害があります。

3. 共済事業

・農業用施設の損壊

火災によって農業用施設が消失する、集中豪雨により農業用施設が水没するなどのリスクがあります。また、作業中の軽トラックの運転の誤りによる倉庫の損壊も考えられます。

❷ 生産活動におけるリスク

・農作業中のケガ

農業機械の操作中に指を挟んで切断する、刈払機（草刈機）に触れて負傷する、脚立から転落して負傷するなどの事故が考えられます。

・自動車事故

トラクターの横転による損壊と運転者の負傷や、出荷作業中の対人・対物事故による相手方からの損害賠償の請求などがあり得ます。また、トラクターの盗難も考えられます。

・第三者への賠償

例えば、農薬が近隣農家に飛散して出荷不能となるリスクがあります。また、借りた農機具を損壊してしまい、貸主から賠償請求をされたり、農薬散布用のドローンが通行人に接触し、相手方から賠償金を請求されたりするリスクも考えられます。

・自然災害による収入減少

長雨による日照不足や低温の影響による農産物の生育遅れ、台風や低気圧等による豪雨・強風による収穫量の減少と品質低下、熱波による高温障害などにより、出荷した農産物の価格が平常を下回り、収入が減少するリスクがあります。

・自然災害以外の事由による収入減少

病害虫が広範囲に発生して収穫量が減少する、燃料価格が高騰して農業経営を圧迫するなどの事由により、収入が減少することが考えられます。

・保管中農産物の損害

集中豪雨で河川が氾濫して自宅倉庫で保管中の農産物が水害にあう、や自宅倉庫に一時保管していた農産物が盗難にあうなどのリスクが考えられます。

❸　日常に潜むリスク

・農業者自身が万一の場合

農業者自身が万一の場合に、遺族の生活資金が不足する、金融機関への借入金の返済が困難になる等のリスクがあります。

・就農不能

農業者が病気で就農が不能になる、交通事故によるケガや後遺症などで就農不能になるなどのリスクが考えられます。

（2）　法人化、大型化することで生じるリスク

個人農業者が法人化したり、すでに法人化していて事業を拡大、雇用を増やすなど大型化することによって生じるリスクには、次のようなものがあります。

❶　経営者が万一の場合のリスク

・借入金返済

経営者の突然の死亡による売上減少に伴い、資金繰りの悪化が考えられます。

・死亡退職慰労金・弔慰金支払い

経営者の突然の死亡によって、遺族への死亡退職金が必要になる場合があります。

❷　従業員を雇用することに伴うリスク

・労務管理

高所作業中の転落事故が起こった場合、使用者は安全対策の管理責任を問われます。また、従業員が屋外作業中に熱中症で死亡した場合、遺族から賠償金を請求されることがあります。

3. 共済事業

・従業員の退職

従業員、役員の定年に伴う退職金を用意しておく必要があります。

・従業員の横領

例えば、従業員の退職時に現金の持ち逃げなどがあるかもしれません。

❸　取り扱う情報量・資金が増大することに伴うリスク

・顧客情報漏えい

パソコンから個人情報が漏えいしたり、社用車が車上荒らしにあって顧客情報が流失するリスクがあります。

・現金盗難

空き巣により金庫から現金を盗難されるリスクがあります。

（3）　6次産業化することで生じるリスク

近年、農業法人を中心に6次産業化を図るケースが増加していますが、ここにも様々なリスクがあります。

❶　加工・流通・販売リスク

・休業

加工場の暖房器具から火災が発生して、製造・出荷が数ヵ月に渡り停止するといったリスクが考えられます。

・出荷した農産物等の回収

出荷農産物から基準値以上の残留農薬が検出して全品回収の必要が生じたり、加工品への異物混入、加工品のラベル表示のミスにより、全品回収の必要が生じたりするリスクが考えられます。

・貸倒れ

農産物の販売先が倒産して、売掛金が回収不能になることもあるかもしれません。

・第三者への賠償

出荷した農産物・加工品に金属品が混入しており、消費者から賠償請求を受ける、出荷した農産物・加工品が原因で食中毒が発生し、消費者から賠償請求を受けるなどのことがあり得ます。

② 民宿・レストラン・体験農業・観光牧場等のリスク

・休業

農家レストランから出火して営業停止となる、農家レストランで食中毒が発生して保健所から営業停止処分を受けるなどのリスクが考えられます。

・第三者への賠償

民宿で提供した食事が原因で食中毒が発生するリスクがあります。また、消費者交流イベント中に会場の看板が倒れて参加者にケガを負わせることもあるかもしれません。

③ 農産物輸出に係るリスク

・輸送途中の損害

船舶で海外に輸送中に、農産物に腐敗が発生するリスクがあります。

・貸倒れ

農産物の輸出先である取引先から、代金回収が不能になるリスクがあります。

・第三者への賠償

輸出した農産物により食中毒が発生して、賠償請求が発生するリスクがあります。

農業リスク診断の必要性

農業者を取り巻くリスクが拡大するなかで、農業リスクを認識することは難しく、認識の抜け・漏れが発生する状況にあります。そのため、ＪＡ共済では事前に農業リスク診断を実施して、それぞれの農業経営における農業リスクを把握・認識する農業リスク診断システム

（およびリスクチェックシート）を提供しています。

　ＪＡ共済が提供する農業リスク診断システムは、農業者のリスクを一問一答の形式で確認することにより、農業者が自ら抱えるリスクに気づいていただくためのツールです。ＬＡ（ライフアドバイザー。利用者とＪＡ・ＪＡ共済をつなぐ役割を担う渉外担当者）が農業者を訪問し、タブレットを使用して一問一答の結果を入力します。後日、印刷した診断結果を農業者に持参して、それぞれの農業リスクを理解していただきます。また、ＪＡ共済のホームページでも農業リスク診断の簡易システムを提供していますので、農業者自身でリスクを確認することができます。

　この農業リスク診断を通じて、以下のメリットが期待されます。

　・事故の未然防止・損害の軽減

　農業者自ら農業リスクを体系的に把握・認識して、対策を講じます。

　・ＪＡの自己改革への取組み

　農業者の事業・生活基盤の安定化に貢献できます。

　・ＪＡらしい総合的な対策提案

　共済・保険による提案により、万一の事故発生時の経済損失を軽減できます。営農・経済・信用等などの総合的な対策提案につながるといえます。

農業リスク分野の保障提供の強化

　ＪＡ共済は、従来の「ひと・いえ・くるま」の保障に「農業」を加えた総合保障に向けて、リスクやニーズに応じた保障の整備と保障提供の環境整備等を進めています。

　前述の「リスクチェック」を通じて農業者に認識していただいたリスクに対しては、ＪＡ共済の仕組みと共栄火災海上保険株式会社（以下、「共栄火災」という）の保険商品によって、共済・保険一体と

なった保障提供を行うことができます。特に、近年、ＪＡ共済連と共栄火災は農業者を対象とした取組みを強化しています。また、その他にも、農林水産省、公益社団法人全国農業共済協会（ＮＯＳＡＩ）が提供するものなどもあります。

農業法人が活用できる共済・保険の仕組み

農業法人が活用できる共済や保険の仕組みとして、次のようなラインナップがあります（令和元年12月現在。保障内容等の詳細については、実際の取扱いを必ず確認して提案する必要がある）。

（1） 傷害共済・医療共済

　・農作業中傷害共済

従業員等が農作業中の事故により死傷した場合に、共済金が支払われます。

例 草刈作業中に刈払機（草刈機）に触れて、従業員が負傷した。

　・特定農機具傷害共済

契約時に指定した農機具によって生じた事故により、その農機具の使用者が死傷した場合に共済金が支払われます。

例 トラクターが横転し、運転していた従業員が負傷した。

　・医療共済

病気やケガにより、入院や手術をした場合等に、共済金が支払われます。

例 上記の農作業中傷害共済または特定農機具傷害共済のリスク・事例で入院または手術した。

（2） 自動車共済

自動車事故により、他人にケガをさせたり、他人の車やモノを壊し

てしまった場合に、共済金が支払われます。

例　トラクターが横転して、損壊するとともに運転していた従業員が負傷した。

例　農機具格納庫からトラクターが盗難された。

（3）　建物更生共済

　台風や洪水、地震といった自然災害や火災等によって、農業用施設が損壊した場合に、共済金が支払われます。共済の目的が「営業用什器備品」の場合に、建物内に収容されている金庫などから現金が盗難されたときには、共済金が支払われます（限度額がある）。

例　火災により農業用施設が全焼した。

例　集中豪雨により近くの河川が氾濫し、農業用施設が水没した。

例　空き巣に入られ、金庫から現金を盗難された。

（4）　終身共済

　経営者に万一のことがあった場合に、遺族等へ共済金が支払われます。

例　経営者が万一の際に、遺族の生活資金が不足する場合。

例　経営者が万一の際に、金融機関への借入金の返済が困難な場合。

（5）　生活障害共済

　病気やケガにより、身体障害者福祉法に定める身体障がい状態となり、身体障害者手帳1〜4級が交付された場合に、一時金または定期年金が支払われます。

例　経営者自身が病気や交通事故により身体障がい状態となり、就農できなくなった場合。

例　従業員が病気や業務中のケガにより身体障がい状態となり、就農で

きなくなった場合。

（6） 定期生命共済、終身共済（トップマンプラン）

経営者に万一のことがあった場合に、法人に共済金が支払われます。

例 経営者が突然亡くなり、売上が一時的に減少して金融機関への借入金の返済が困難になった場合。

例 経営者が突然亡くなり、経営者の遺族へ死亡退職慰労金を支払う必要が生じた場合。

（7） 養老生命共済（福利厚生プラン）

従業員が定年退職を迎えた場合には、満期共済金が法人に支払われます。従業員に万一のことがあった場合には、従業員の遺族に死亡共済金が支払われます。

例 従業員が定年を迎え、退職金を支払う必要が生じた場合。

（8） ＪＡ共済　労働災害保障制度（業務災害補償保険）

従業員が業務（農作業等）に起因して死傷したケースにおいて、事業者（雇用主）が福利厚生の観点から支給する給付金に対して、保険金が支払われます。

例 従業員が草刈の作業中に刈払機（草刈機）に触れて負傷した。

例 従業員が穀物保管庫の高所作業中に転落して死亡した事故において、安全ベルトの落下防止策を怠ったとして使用者が管理責任を問われた場合。

（9） 農業応援隊

共栄火災では、農業に関する保障・サービスの取組みを強化しています。そのうちの１つが、「農業応援隊」です。農業生産、加工、販

売、飲食業に関するリスクを包括的に保障する仕組みであり、主に、以下のような内容となっています。まとめて１つの申込書で加入することができるので、簡便な手続きで加入できるのが特徴です。

・**施設危険補償**

農地・農業施設での業務遂行に起因する賠償事故や農地・農業施設の欠陥に起因する賠償事故に対して、保険金が支払われます。

例 散布していた農薬が隣接農地に飛散し、隣接農家が出荷できなくなった。

・**生産物危険補償**

農地・農業施設において、生産・加工された農産物等の欠陥に起因する賠償事故（食中毒・異物混入等）に対して、保険金が支払われます。

例 出荷した農産物に金属片が混入しており、ケガをした消費者から賠償金を請求された。

・**保管物危険補償**

管理する保管物が損壊、盗難されたことにより、その保管物の正当な権利者に対する賠償責任に対して、保険金が支払われます。

例 農作業中に借用農機具の操作方法を誤って、農機具を損壊させてしまい、農機具の貸主から賠償金を請求された。

なお、農業応援隊は、その他に特約として、「リコール特約」「生産物自体の損害および回収費用補償特約」「個人情報漏洩補償特約」「休業補償特約」「使用者賠償責任補償特約」「企業イメージ回復費用補償特約」「賃借施設失火賠償責任補償特約」が用意されています。

(10) 農業者賠償責任保険

こちらも、（９）と同様に、共栄火災海上保険株式会社が提供する保障です。主に、賠償責任リスク、加工品の回収リスクを包括的に保

障するものです。まとめて１つの申込書で加入することができるので、簡便な手続きで加入できます。

・施設リスク補償

農地や農業施設の欠損に起因する賠償事故を補償するものです。また、農地や農業施設での仕事の遂行に起因する賠償事故も補償されます。

例 観光農園に果物狩りにきていた入場者が、農園内に放置されていた機材につまずいてケガをした。

例 散布していた農薬が、風にのって隣接農地で栽培していた別の農産物に飛散し、出荷ができなくなった。

・生産物リスク補償

農地や農業施設で清算・加工・販売された農産物が、その後、食中毒やケガなどにつながった場合の賠償損害を補償するものです。

例 自社で製造した冷凍食品が原因で、食中毒が発生した。

・保管物リスク補償

他人から預かった農産物や農機具など、保管物に関する損壊・紛失・盗取などを補償するものです。観光農園や体験農業等の、お客様からの預かり物も対象となります。

例 他の農家から借用した動力噴霧器をトラックで運搬中、カーブを曲がった際に落下させてしまい、破損した。

なお、その他にも特約として、「生産物品質特約」「民泊補償特約」などが用意されています。

(11) その他のリスクに対応する共済・保険の例

その他、リスクに対応する商品や仕組みには様々なものがあります。例えば、図表３−12 は、農業法人が特に関心を示すことが想定されるリスクの一覧です。

3. 共済事業

図表3−12　農業法人が関心を示す「リスク」と「対応する補償」の例

リスク	事例	対応する補償
農業イベントでの第三者への賠償	集落営農主催の消費者交流イベント中に、会場の看板が倒れ、参加者がケガをした。	イベント賠償責任共済（JA共済）
ドローン事故	農薬散布中にドローンが落下し、機体が破損した。	農薬散布用ドローン総合保険（共栄火災）
生産物賠償	加工食品で食中毒が発生した。	・農業応援隊（共栄火災） ・PL保険（生産物賠償責任保険）（共栄火災）
施設賠償	ビニールハウスに構造上の欠陥があり、強風で資材が飛んで他人の車の修理が必要になった。	・農業応援隊（共栄火災） ・施設賠償責任保険（共栄火災）
雇用のトラブル	セクハラ、パワハラ等で損害賠償を請求された。	雇用慣行賠償責任保険（共栄火災）
サイバーリスク	個人情報が漏えいして賠償責任が発生した。	・農業応援隊（共栄火災） ・サイバーリスク保険（共栄火災）
業務中の傷害事故	従業員が高所作業中に転落して死亡した。安全対策を怠ったとして損害賠償を請求された。	農業応援隊（共栄火災）
収穫量減少	天候不順により農産物の収穫量が減少した。 鳥獣害により農産物の収穫量が減少した。	農作物共済、家畜共済（NOSAI）
収入減少	天候不順により収入が減少した。 出荷した農産物の価格が大幅に下落し収入が減少した。	収入保険制度（農林水産省、NOSAI）

　ＬＡの農業リスク診断活動を通じて、農業者から他事業にかかる意見、要望等を取得することができます。

　ＪＡ職員は、農業者の様々なニーズに応えるため、ＪＡの総合事業の強みを生かした事業展開が求められています。共済事業の分野においても、ＬＡは、営農指導員、ＴＡＣ、信用担当者、窓口担当者などと連携して、農業者の農業リスク（共済と保険に関する事業）に関する必要性と要望を収集して、農業者に対してきめ細かく対応していく必要があります。

4. 経済事業

販売事業と購買事業

　経済事業は、組合員が生産したものを外部に販売する「販売事業」、組合員が必要なものを調達して供給する「購買事業」に分かれています。ＪＡグループでは農畜産物の種別に事業を展開しており、事業別に販売事業・購買事業、双方の側面をもっています（図表３−13）。

（1）　販売事業

　販売事業とは、組合員が生産した農畜産物をＪＡが集荷して販売することをいいます。需給調整や付加価値の向上のために、生産物を一定期間貯蔵・保管したり加工したりする関連事業も販売事業に含めるのが一般的です。

図表３−13　**販売事業と購買事業**

事　業	販　売	購　買
米穀農産事業	米、麦、大豆　等	米袋　等
園芸事業	野菜、果実、花　等	（生産振興等）
生産資材事業	（生乳、ＪＡグリーン等）	肥料、農薬、段ボール、袋、種苗　等
畜産事業	肉、牛乳、卵　等	飼料、動物薬、他
生活関連事業	（Ａコープ等）	石油、ガス、食品、日用品、催事　他

図表３-14　ＪＡ販売事業主要品目取扱高（2017年度）

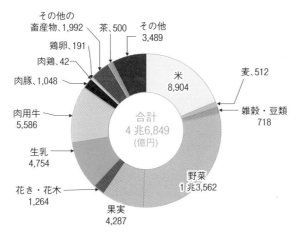

（出所）農林水産省「総合農協統計表（平成29年）」より作成

　また、販売事業は共同販売で行うため、「共販」ともよばれます。共販をすることによって、農畜産物の数量がまとまり、一定レベルの品質が均一にそろうことから、市場競争力が増すことで、よい条件で販売が可能になります。

　ＪＡ販売事業における主要品目の取扱高は 図表３-14 のようになっています。

（２）　購買事業

　購買事業とは、ＪＡが組合員に生産資材や生活資材をできるだけ安く、良質なものを安定的に供給しようとするもので、①肥料、農薬、飼料、農機具等、組合員の営農活動に必要な品目の供給を行う生産資材購買、②食品、日用雑貨用品、耐久消費財等、組合員の生活に必要な品目を供給する生活資材購買の大きく２つに分かれます。

　購買事業は、「共同購入」といって、組合員から予約注文を受け、

4. 経済事業

図表３−15 有利な共同購入のイメージ

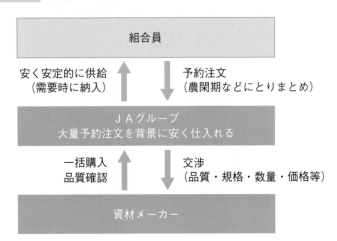

スケールメリットを生かしてメーカーと交渉し、低価格・安全・良質の資材を供給することが中心です。また、ＪＡグループが自ら生産して組合員に供給することもあります（ 図表３−15 ）。

経済事業の主な取組み

　平成25年12月に農林水産省が行った「農業協同組合の経済事業に関する意識・意向調査」によると、農業経営者がＪＡの経済事業に期待することの第１位は、販売事業が「販売力の強化」、経済（購売）事業が「価格の引下げ」です（**第３章１．参照**）。これらのニーズに基づき、事業ごとに様々な取組みを行っており農業経営者の抱える課題や要望に応じて適切な取組みを選択し、提案を行っています。

（１）　米穀部門

　米穀部門では、生産者からＪＡを通じて集荷した米を、米卸・米加工メーカー等を通じて消費者へ届けています。「ごはん」として食べ

られる主食用米だけでなく、酒造米やもち米・米粉等の原材料用米、家畜の飼料向けの飼料用米、海外への輸出米等、多岐にわたる品目を取り扱っています。また、麦類農産事業では、麦・大豆のほか、地域にとって極めて重要なでんぷん等の地域特産品目を取り扱っています。

❶ 生産提案型事業の展開と集荷確保の取組み

米穀事業では、需要に応じた計画生産を促進するため、実需者ニーズを踏まえた多収米等の作付提案・契約栽培の拡大を行っています。また、広域集出荷施設の設置やフレコン（注22）・庭先集荷（注23）の取扱拡大による集荷対策の実施、地域の実情に応じた手法による買取りの拡大により、集荷の確保に取り組んでいます。

❷ 実需者直接販売と安定的取引の拡大

米の加工メーカーや大手卸業者との業務・資本提携、ＪＡグループ米穀卸等を通じた精米販売の拡大、実需者との直接商談や実需者を明確にした契約の拡大、事前契約（播種前・複数年契約等）により安定的取引の拡大を推進しています。

❸ 麦・大豆・でん粉等の生産・販売拡大

輸入原料が大半のシェアを占める麦・大豆等ですが、国産麦では播種前契約の確実な実施による数量・品質の安定化、国産大豆では生産振興と計画的な集荷・販売および新商品開発、国産でん粉では産地連携の強化による生産基盤確立ならびに計画的な販売を行うことにより、需要の創出・定着に取り組んでいます。

（注22）フレキシブルコンテナバッグによる集荷のこと。１ｔ程度の大容量で集荷するためコスト削減につながる。
（注23）過疎や高齢化により出荷の難しい地域で、農家あるいはその近くまで出向き、生産物を集荷して回る方法。

（2）　園芸部門

園芸部門では、野菜・果物・花等の青果物を取り扱っています。

4. 経済事業

「共販」により産地化することで、日照・気象等の影響を受けて収量や品質が大きく変動しやすい青果物の品質・数量を均質化し、市場での有利販売を行っています。

❶ 直販事業の拡大

　直販事業への要員シフトや、ブロック別直販連絡会議での合同商談会、県間連携営業会議等を活用し、県域を越えた共同営業を行うことで営業力の強化を行うとともに、広域集出荷施設など直販関連施設の整備を行い、直販体制の整備を実施しています。

　また、業務提携３社（デリカフーズホールディングス株式会社、カネマサ流通グループ、エム・ヴイ・エム商事株式会社）との取組強化、重点取引先への提案型営業の強化や実需者を明確にした予約相対取引の拡大などにより直販事業の拡大に取り組んでいます。

❷ 実需者ニーズに基づく産地づくりの強化

　加工・業務用重点５品目（キャベツ、レタス、ニンジン、タマネギ、ネギ類）を中心とした契約栽培の推進、パプリカ・ブロッコリーなど輸入量の多い野菜の生産振興・販売拡大を行うことにより、加工・業務用需要の取込みを行っています。

　また、加工・業務ニーズに対応した適正品種選定や端境期対策、収量向上技術の確立に向けた試験栽培の実施などにより、実需に即した産地づくりに取組んでいます。

❸ 効率的な流通網の整備

　ドライバー不足や法規制等により物流を取り巻く環境は厳しさを増しており、消費地・産地ストックポイント（注24）の利用拡大・整備促進や、青果物パレット輸送の拡大を行うことにより、効率的な輸送体制の整備を行っています。

　（注24）配送のための一時保管を主とする流通拠点で、配送センターと倉庫の中間的な機能を備えた施設のこと。

（3）　生産資材部門

　生産資材部門は、組合員が営農事業を営むうえで必要な資材（肥料・農薬・農機・段ボール・袋等）を、スケールメリットを生かした「共同購入」により調達・供給しています。

❶　トータル生産コスト低減の取組み

　農家の手取り最大化の取組みを、モデルJAで実践し、効果検証と普及に取り組んでいます。具体的には、肥料についての銘柄集約および集中購買のさらなる実践、また、農機については、生産者の声を反映したトラクターの共同購入や大型コンバインのシェアリースなどといった農機共同利用の取組拡大などがあります。さらに、農薬については、担い手直送規格の取扱拡大およびジェネリック農薬の開発・試験の実施、段ボールについては全国標準規格の集約や適性包装の提案などに取り組み、トータル生産コストの低減を図っています。

❷　多様な農業者ニーズへの対応強化

　地域農業の担い手に日々出向き、その声や要望を収集してJA事業に反映させるTAC活動のレベルアップ、農作業受託による労働力確保の支援具体策の策定・実施、国際水準GAPの団体認証取得に向けた支援など、様々な農業者ニーズへの対応を行っています。

❸　新技術や新たな栽培技術の開発・普及

　営農管理システム「Z－GIS」（後述）の普及促進、ドローンなど各種ICT技術の活用・普及促進、高収量栽培技術や軽労化商品など大規模園芸施設に最適な設備・資材をパッケージ化した大規模営農モデル「ゆめファーム全農」の確立・普及など、生産基盤の維持拡大に取り組んでいます。

4. 経済事業

（4）　畜産部門

　畜産部門は、家畜の繁殖や育種改良事業から始まり、飼料の原料で
ある穀物等の国内外からの調達、国内での配合飼料の製造・販売、動
物薬やワクチン、その他資材の製造販売、生産物（卵、肉、牛乳）の
加工・流通・販売まで多くの事業・施設・会社を内包し、畜産生産者
の経営を支えています。

❶　消費者に直接訴求する販売事業の強化

　ＪＡ全農ミートフーズ株式会社と全農チキンフーズ株式会社による
包装肉事業拠点の整備、惣菜加工機能の追加・取得による惣菜や加熱
加工品など最終商品の販売拡大、ｅコマース業態への食肉・鶏卵の販
売拡大、飲料メーカー向け業務用牛乳の販売拡大などにより、国産畜
産物の需要拡大に取り組んでいます。

❷　生産基盤の維持・拡大と革新的な商品・技術の開発・普及

　簡易牛舎への和牛繁殖雌牛の導入支援、格外卵率の低減など農場診
断に基づく現場改善、多産系ハイコープ種豚（注25）の供給拡大を実
施し、生産基盤の維持・拡大に取り組んでいます。

　また、ＥＴ技術（注26）を活用した和子牛・乳牛後継牛の増産支援、
分娩管理を行うＩＣＴ機器「モバイル牛温恵」の普及促進などによる
労力軽減・生産性向上に取り組んでいます。

❸　配合飼料の競争力強化と飼料原料の安定確保

　ＪＡ西日本くみあい飼料株式会社の工場集約・再編の実施による効
率的な供給体制を整備するとともに、船積能力を増強した全農グレイ
ン株式会社による穀物の取扱拡大、ブラジル・カナダでの本格的集荷
の着手により飼料原料の安定確保に取り組んでいます。

（注25）ＪＡ全農が「系統造成」という育種改良法によって作出した種豚。従
　　　来の豚よりも１回の分娩頭数が多く、ハイコープ豚同士の交配により市場性

の高い良質な肉豚が生産できる。

（注26）受精卵を複数の雌牛に移植し、良い和牛を数多く生産するための受精卵移植（Embryo Transfer）技術のこと。

（5） 生活関連部門

生活関連部門は、組合員の生活に必要な食品・日用品・燃料等を調達・供給しています。取り扱う品目は幅広く、社会情勢の変化に合わせて地域の課題や要望を反映した事業を検討・実践しています。

❶ 地域のくらしの支援

既存の「ＪＡくらしの宅配便」や、食材事業に生活用品を組み合わせた総合宅配事業の拡大、コンビニ等との連携によるＪＡ購買店舗の業態転換、移動購買車の導入支援により地域のくらし支援を行うとともに、直売所を併設した大型Ａコープ店舗の出店拡大により、生産者の直売環境の整備を行っています。

❷ 国産農畜産物の消費拡大に向けた取組み

国産農畜産物を優先的に使用している全農ブランドの大手小売チェーンと連携した商品拡充・販路拡大により、国産農畜産物の需要拡大に取り組んでいます。

❸ 営農用エネルギーの取組強化

施設園芸の収量拡大のための光合成促進機の導入拡大、ＪＡグループ施設・営農施設に対する電力供給などにより、燃料コスト削減に取り組んでいます。

農業法人の経営課題への対応メニュー

経営改善は、費用の低減（コストカット）もしくは、売上の拡大により行います。費用の低減は、直接使用する資材費用の低減はもちろんのこと、資材もただ安ければ良いということではなく、労務費の低

減の面から便利な資材や農業ＩＣＴの普及が進んでいます。ここでは、ＪＡ全農が提供する経費の削減策について事例をとおして確認します。全農の各研究施設では、農畜産物の生産から販売まで一貫した商品開発、省力化・低コスト化を実現する生産技術の研究・開発に取り組んでいます。

（1）　物財費の削減

　米生産費に占める農機具費は20％程度、肥料費は８％程度、農薬費は７％程度となっています。また、畜産物の生産コストに占める飼料費の割合は、畜種により異なりますが、３〜６割程度と大きな割合を占めています。生産者にとって、これらの生産資材をできる限り低コストで安定的に調達することは経営上重要なポイントとなります。

❶　肥料・農薬

　肥料では、一般化成肥料の集約銘柄の予約購入、製造メーカーからの配送車１車分の一括購入（満車直送）、大型包装規格の導入、生産者のニーズに対応したオーダーメイドＢＢ肥料（注27）など省力・低コスト資材の使用などがあります。また、農薬では、ジェネリック農薬の使用、集約銘柄の予約購入、担い手直送規格の導入などにより費用を削減することができます。

❷　農機

　農機では、収穫時期が異なる４〜５名程度の生産者を１チームとして１台の機械を共同利用する大型コンバインシェアリースチームを作ることにより、購入した場合と比較して２割程度のコスト削減が実現できます。野菜作機械についても、各地でレンタル事業が拡大しています。また、生産者の意見を反映して開発した60馬力の共同購入トラクターは標準的な同クラスと比較し、概ね２〜３割の価格引き下げとなっています。

❸　段ボール・袋資材

　段ボールや袋資材では、出荷先との協議により、段ボールからコンテナへの変更や、ノンステープル段ボールの導入、段ボール入数の増加、包装資材の削減を行うなどにより費用を削減することができます。

（注27）バルク（粒）・ブレンディング（配合、混合）の頭文字からとった名前
　　　で、肥料原料を合成した化成肥料と異なり、粒状の各種肥料をそのまま配合
　　　した肥料のこと。

（2）　労働費の低減

　農業就業人口は平成7年の414万人から平成30年の175万人と約20年間で半減しており、高齢化も引き続き進行しています。しかしながら、農作業は人力を必要とする作業が多く、いかに省力化をしていくかが課題となっています。

❶　施肥（水稲）　水稲育苗箱全量施肥法「苗箱まかせ」

　「苗箱まかせ」は、水稲を収穫するまでに必要となるすべての窒素成分量を播種時に育苗箱へ施肥する、緩効性肥料です。本田における地温の変化や稲の生育に合わせて窒素成分が溶け、肥料と根が接触しているので施用した窒素の利用率が高く、慣行と比べて窒素肥料を約40％減肥することができるため、本田への肥料散布の労力を減らし、省力化が図れます。

❷　施肥（水稲）　水稲流し込み施肥法

　水田の水口から灌漑水と一緒に、液体肥料や専用流し込み肥料あるいは肥料を溶かした肥料溶液を施用、または固体肥料を水口に設置する、省力・低コスト施肥技術です。稲の生育に合わせていつでも対応でき、機械を使うことなく誰でも施肥作業ができるという点で、大区画水田や大規模経営農家の稲作栽培での施肥作業の軽労化に魅力的な施肥法です。

4. 経済事業

❸ 施肥（野菜）　肥効調節型肥料

　肥効調節型肥料とは肥効（注28）を持続させるために様々な方法で
肥料成分の溶出を調節した一連の化学肥料のことをいいます。露地畑
では、施肥直後の降雨や長雨等による肥料成分の溶脱や表面流去によ
る損失が生じたり、施設栽培においても、アンモニア揮散や急激な硝
酸化成による肥料成分の損失が起こったりします。しかし、肥効調節
型肥料を使用することにより、肥料成分の流出を防ぎ、効率的な肥料
の利用が可能となるため、減肥や追肥回数の軽減、さらには環境に配
慮した農業を行うことができます。

❹ 施肥（野菜）　野菜育苗ポット施肥法・セル苗全量基肥施肥法

　野菜育苗ポット施肥法・セル苗全量基肥施肥法とは、育苗時に鉢上
げ（仮植）するビニールポットやセル苗（注29）の用土に、育苗期間
中はほとんど溶出しない被覆肥料を混合することで、苗を定植するだ
けで本畑へ局所施用となり、施肥低減が可能となる技術です。

　慣行と同等の収量、品質を維持したまま、窒素成分を３〜５割程度
削減できます。被覆肥料（シグモイドタイプ）は一定期間、窒素成分
の溶出を抑えるため、セル苗の中に基肥を全量施肥しても濃度障害は
起こりません。また、育苗したセル苗は機械定植できます。

❺ 施肥（野菜）　２作１回施肥法

　緩効性肥料（特に被覆肥料）を活用して２作または３作分の施肥を
１回で行う施肥法です。マルチシート（注30）を外さないで次作の定
植または播種ができるので、比較的短期間に複数の作物を栽培する葉
菜類（ハクサイ・レタス等）で効果を発揮します。

　労力面では、マルチ資材の張り替えや２〜３回目の施肥作業の軽減、
作物の切り替えにかかる日数を短縮できます。コスト面では、マルチ
資材費の削減（省資源）が期待できます。また、窒素投入量の野菜畑
土壌等への窒素施肥量を減らし、土壌の養分環境を改善することがで

きます。

❻ 防除（水稲） 天敵保護装置「バンカーシート」

水田散布後に農薬自ら拡散していく豆つぶ剤や、フロアブル剤（注31）や顆粒水和剤（注32）を入水時の水口に一気に投入する水口施用を行うことで防除の省力化ができます。また、化学農薬に対する抵抗性の発達が著しく防除が困難な害虫には、ハダニ類を捕食するミヤコカブリダニパック製剤を用いた「ミヤコバンカー®」とコナジラミ類、アザミウマ類を捕食するスワルスキーカブリダニ製剤を用いた「スワルバンカー®」などの「バンカーシート」を活用することで抵抗性を発達させやすい前記害虫への高い効果と化学農薬使用回数低減が期待できます。

❼ 栽培（水稲） 水稲直播

直播栽培とは、水田に育てた苗を植える従来の方法（移植栽培）に対し、水田に直接種をまいていく栽培方法です。なかでも、鉄コーティング湛水直播栽培は、鳥害の軽減や浮き苗の発生という問題を解消する技術として、最近注目を集めています。

移植栽培と比べ、育苗作業・苗運搬が不要で約60%の労働時間の短縮が可能です。農閑期にあらかじめ種子を粉衣（注33）でき、長期保存が可能になります。移植作業が不要で、播種作業が1人でもできます。

❽ 栽培（水稲） 水稲高密度播種

高密度播種移植栽培では、苗箱あたりに乾籾250〜300g程度の高密度で播種し、14〜20日間ほど育てた苗を使用します。密生している苗を通常よりも細い爪で掻き取り移植することで、慣行と同様の本数の苗を植えつつ1枚の苗箱でより多くの面積に移植が可能になります。苗量を変えずに苗箱数を減らすことにより収量を保ったまま、床土や苗箱のコスト削減、育苗や苗箱補充といった労働力の軽減が期待でき

ます。

⑨　栽培（水稲）　水稲疎植栽培

疎植栽培は、株間を広げて栽植密度を下げる栽培法です。一般に慣行の株間15～18cmを24～28cmに広げて、栽植密度を1㎡あたり12～14株（坪あたり40～45株）以下にします。

この方法で田植えをすると、必要な育苗箱数が40～50％少なくなり、田植えの際の苗運びや苗の充填回数が半減するなど、生産コストや労働時間を削減することができます。また、田植機の機種により株間の調節幅は異なりますが、機械の購入や改造の必要はなく、簡単に実行できる省力・低コスト技術です。収量や品質は慣行栽培と変わらず、倒伏や紋枯病などの病害虫の発生は少なくなる傾向があります。

⑩　栽培（野菜）　野菜収穫機

収穫作業は人力に依存している品目が多く、特に葉菜類など、収穫物の取扱いに手間がかかるため作業者の負担が大きいものです。野菜収穫機を導入することにより、この重労働から解放されるだけでなく、作業時間を短縮することができます。令和元年現在、ねぎ、キャベツ、はくさい、にんじん、たまねぎ、だいこん、えだまめ、しょうが、にんにく、かんしょつる、ばれいしょの野菜収穫機が発売されています。

⑪　栽培（野菜）　生分解マルチ

生分解マルチは土壌中の微生物によって分解されるフィルムです。使用後はロータリーなどで土に鋤き込むことによって処理できるため、回収コストと廃棄処理コストがかかりません。現在は普通のマルチと比べて価格が約2～3倍高いことが課題ですが、回収コスト・廃棄処理コストの削減効果が大きい、大規模経営農家では導入が進んでいます。

⑫　栽培（野菜）　ハウス内の環境モニタリングシステム

ハウス内の環境モニタリングシステムは、主にハウス内の温度、照

度、湿度、二酸化炭素濃度などのデータを各センサーが収集し、ネットワークに接続されたパソコンや、インターネットを経由してスマートフォンで状況把握できるシステムです。データをもとに、換気装置や暖房機、給水装置の稼働などを自動的に、また遠隔でコントロールすることでハウス管理の省力化ができます。また、経営者だけでなく普及指導員が施設の環境データを確認できるようになることで、データに基づく指導を定期的に受けることができます。

（注28）肥料が作物の生育に与える効果のこと。
（注29）小型育苗容器（セル）が連結したセルトレイで育苗される苗のこと。
（注30）防草、肥料の流出防止、保湿、病気予防などのために畑のうねを覆う資材のこと。
（注31）有効成分を微粒子化し、分散剤や界面活性剤により液体中に分散させた農薬の剤型の1つ。
（注32）水和剤に結合剤などを加えて顆粒状にした製剤のこと。
（注33）農薬の粉剤や水和剤を種子にまぶす種子消毒法の1つ。種子の状態により乾粉衣と湿粉衣がある。

（3）　生産性の向上

　生産者の手取り向上のためには作付面積の拡大または生産性の向上が必要ですが、急峻な山々が多く農業生産に適した平地が少ない日本においては効率的な規模拡大は困難です。そこで、現在の農地での生産性を向上させていくことが喫緊の課題となっています。

❶　土壌診断に基づく適正施肥

　土壌診断の結果から過剰な養分は減らし、足りない養分は必要量を施用して適正に施肥することによって、収量・品質の安定化と施肥コストの低減ができます。JAグループ都道府県別土壌診断問合せ窓口やJA全農全国土壌分析センターで、土壌診断の申込みができます。

❷　栽培（野菜）「うぃずOne」「全農式点滴潅水キット」

　JA全農式トロ箱養液栽培システム「うぃずOne」は、隔離床栽培

で、潅水同時施肥を行う栽培システムです。システムの設置に大掛かりな電気工事などを必要とせず、栽培終了後には一時撤去も可能であるため、水稲育苗ハウスの未使用期間や遊休ハウスなどを有効活用できる栽培システムとして注目を集めています。

　「全農式点滴潅水キット」は、タイマー制御による効率的な地中点滴潅水を行うキットで、作物の生育が促進され、早期出荷や増収による所得向上が期待できます。

❸　栽培（野菜）　ハウスでの光合成促進機（炭酸ガス施用）

　光合成に必要な二酸化炭素が不足しがちな締め切った冬場のハウスに炭酸ガス発生機（二酸化炭素発生機・光合成促進装置）を導入することにより、炭酸ガス濃度を向上させ、作物の成長の促進、増収、品質の向上を図ることができます。

❹　品質　水稲多収性品種・麦類新品種・大豆新品種の導入

　良食味を追求した品種だけでなく、多収性を追求した水稲多収性品種や麦類新品種、大豆新品種を導入することにより、中食・外食需要の増加に伴って増加傾向にある業務用需要への対応ができます。

❺　基盤（水稲）「ＦＯＥＡＳ」

　水田農業における経営の安定化には、稲・麦・大豆および野菜を組み合わせた水田輪作の導入が有効ですが、転換畑における湿害や干ばつが課題となっています。そこで、排水と給水を両立した水位制御システム「ＦＯＥＡＳ」を導入することにより、水田を畑作利用する際、雨が降れば暗きょから排水を、干天が続けば地下灌漑を行い、作物栽培に最適な地下水位を維持することで、湿害や過乾燥を軽減し、農作物の収量および品質を向上させることができます

（4）　営農支援

　農業経営が大規模になるにつれて増えるほ場・作業・労働力を効率

図表3−16　営農管理システム「Z−GIS」

的に管理することや、事業承継をすすめて事業を継続させていくことが重要となります。

❶　営農計画策定支援システムZ−BFM

　農研機構とJA全農が共同で開発した、営農計画策定支援システム（Z−BFM：Zennoh-Builder of Farming Model）は、経営面積、労働力等の営農・経営条件を入力して、事前にデータベース化された作物ごとの経営指標（粗収益、生産費用や作業労働時間など）を使って、農業所得が最大となる営農計画案を作ることができます。

❷　営農管理システムZ−GIS

　「クラウド型営農管理システムZ−GIS」は、ほ場ごとの品種や生産履歴、農作業等の情報をインターネットの電子地図と関連づけることで、地理情報と栽培データを効率的に一括管理できるシステムです（ 図表3−16 ）。

❸　牛繁殖農家向けICT「モバイル牛温恵」

　年間3万頭の仔牛が命を落とす分娩事故は、農家に莫大な損害と喪失感をもたらします。モバイル牛温恵は、親牛を温度センサーで監視

し「分娩の約24時間前」「1次破水時」「発情の兆候」を検知しメールでお知らせする、畜産農家の方のためのシステムです。販売は株式会社ＮＴＴドコモとＪＡ全農グループが担っています。株式会社ファームノートのクラウド牛群管理システム「Farmnote」、人工知能を活用したＩｏＴセンサー「Farmnote Color」と合わせて、普及が進んでいます。

❹ **事業承継ブック**

　他産業よりも高齢化が進んでいる農業では、事業承継が深刻な問題となっています。このようななか、地域農業を守り、地域を活性化していくためには、現在の農業経営者から次世代への確実な事業承継が不可欠です。「事業承継ブック」は、親子版・集落営農版があり、事業承継の課題解決はもちろんのこと、次世代を担う後継者にＪＡグループの取組みをしっかりと伝え、ＪＡグループとの信頼関係の構築、ひいてはＪＡの総合力によって事業承継を支援することを目的とした内容となっています。

❺ **ＧＡＰ認証取得**

　ＧＡＰとは、農業において、食品安全、環境保全、労働安全等の持続可能性を確保するための生産工程管理の取組みのことです。

　近年、取引先に対してグローバルＧＡＰ取得など第三者認証によるＧＡＰのもとで生産された農産物を求める動きも出ており、今後もそのニーズは高まることが考えられています。そこで、ＪＡグループＧＡＰ支援チームが現地アドバイスを行い、ＪＡの生産部会を中心に団体認証の取得を支援しています。団体認証は事務局と生産者でＧＡＰに取り組み、内部監査によって基準となる管理が実現できているかが確認されるため、個々の農場の審査負担は少なくなるとされています。

第4章

農業法人支援の事例

Case 1.
新規就農から
生産特化型の経営確立支援

〈法人プロフィール〉

法 人 名 和総農園株式会社 (わそうのうえん)

所 在 地 栃木県下野市

品 目 トマト施設栽培

経営規模 栽培面積27ａ、売上高2,700万円、従業員数１名

創 業 年 平成27年就農、平成31年２月法人化

(令和元年９月現在)

事業の特徴

　和総農園株式会社代表の物江直人 (ものえなおと) さんは、東京都内の非農家出身です。東京農業大学卒業後は、いったん農業法人に就職したものの、「トマト生産者になる」という中学生時代からの夢を実現するため、知人でＪＡしもつけの栃木トマト生産部会長(当時は副部会長)のバックアップを受け、当地で新規就農しました。修業１年半の後に部会長からハウス１棟(18ａ)を借り受け、都立農業高校時代の同級生野本徹 (のもととおる) さんに共同経営者として声をかけて独立しました。当初は25ｔ／反の収量を目指してトマト生産を開始し、現在は別ハウス１棟27ａに借り換えて、自らの生産性の工夫も織り込み、当初目標を上回る36ｔ／反となり、さらに収量を増やしています。

ハウスでのトマトの実り

　平成31年2月には、経営を法人化して経営体制や対外信用面を強化
しつつ、40t／反以上を新たな目標に掲げてスペインからハウス施設
一式を導入し、令和2年8月から自前施設として稼働する予定です。
　同社の企業理念は「日本の農業を活性化する」です。生産性を追求
した経営を行い、近い将来には若い生産者にのれん分けを行い、さら
に経営指導でフォローする、コンサルタント業務を展開する、という
構想を描いています。

（1）　生産技術について

　同社の事業はトマトの単品生産です。高い技術を追求し、徹底した
生産性向上にこだわる、生産に特化した農業法人として経営していま
す。生産部会長のもとで修業した後にハウスを借りて独立する際、生
産部会長への感謝の気持ちを込めて、反収25t（冬春作トマト全国平
均の2倍強の水準）の実現を目指す「ドリーム25」を目標に掲げて営
農を開始し、現在は36t／反まで収量を増やしています。
　ハウス施設は、当地区が発祥地とされる3.5m高軒高多連棟型（注

34）で、ハイワイヤー方式（注35）の土耕栽培により、8月下旬の定植後10月から翌年6月頃まで約9ヵ月間収穫を行っています。これらの技術は、生産部会長自身が脱サラ後、自家に戻ってトマト栽培を開始する時に師事した当地の篤農家と、JAしもつけの栃木トマト生産部会が長年培ってきたものです。

（注34）オランドのフェンロー温室をもとに日本の気象条件に合わせて導入されたハウス施設で、一般的なパイプハウスより軒が高くかつハウス内部の栽培面積が広いもの。高軒高は夏季高温の緩和に有効で、遮光施設等ハウス上部の活用も可能。また、多連棟でハウス内部の栽培面積が広いため、生産性の高い栽培ができる。
（注35）高軒高ハウスの上部に張ったワイヤーにトマト苗を直立に誘引する栽培法。採光性、作業性に優れ、冬季を超えた長期間の栽培も可能となる。

（2） 生産性の追求

　このような地で蓄積された技術に加えて、物江さんと野本さんはさらに徹底した独自の生産性追求の取組みを行っています。その具体的内容は、次のようなものです。

○ワイヤー誘引作業の改善（注36）

　単位面積あたりの苗数を減らさず、苗列の並びを見直して作業通路幅を広げ、高所作業台車用のレール敷設を行う。従来の半分の片道走行で作業が完了できるよう工夫している。

○道具類のこだわり

　剪定用ハサミをナイフに切り替えるなど。これにより、秒単位の作業時間の改善を実現。

○オン・オフのメリハリをつけた作業従事

　自らの作業時間等の管理をルール化し、集中して作業環境が確保できるようにして、本来4〜5名必要とされる現在の生産面積（27a）について2人で作業を完遂させている。

野本さん（左）と物江さん（右）

　さらに同社では、自前ハウス施設の取得が法人化のきっかけとなっています。その検討の際には、より一層の生産性向上が実現できる栽培方法を追求し、水耕栽培に注目するとともに、資材コストの比較検証を行い、最終的にスペイン製ハウス施設で土耕栽培を行うのがコスト的に一番有利と判断するに至りました。このように、資材・施設の緻密なコスト計算を徹底し経営判断を行っています。これにより、令和2年秋からは、71aのハウス施設で反収40t、売上高8,000万円とすることを目指しています。

（注36）ハウス上部に張ったワイヤーから誘引紐を下げてトマト苗木を誘引する高所の作業。茎が成長すればフックを使って茎を折り返し、さらに成長すればフックを横ずれさせる。

就農等の支援の流れ

　同社とJAしもつけとの関係は、偶然の個人的な縁故関係からのスタートでした。どうしてもトマト生産者になりたいという夢の実現のため、勤めていた農業法人を退職して就農しようにも、人脈も土地も資金もなかった物江さんに手を差し伸べたのが、生産部会長でした。

Case 1. 新規就農から生産特化型の経営確立支援

左からＪＡ営農経済センター職員、野本さん、物江さん、生産部会長

　部会長は、物江さんを受け入れて自家で修業を積ませるとともにトマト生産部会への参加も促し、就農時には物江さんらにハウス１棟を貸与しました。部会長自身が脱サラで自家に戻って現在のトマト生産に取り組んできた経緯もあり、トマト生産に真摯に取り組む２人の受け入れに「まったく抵抗感はなかった」と語っています。

　ＪＡしもつけの栃木トマト生産部会は、部会メンバーの平均収穫量が全国水準の２倍にあたる23ｔ／反の実績を上げている、全国的にも評価の高い生産部会です。ベテラン会員の経験値と若い会員のＩＴ活用などがうまくかみ合って、他地区より高いレベルの生産ノウハウが共有されているといえるでしょう。生産実績などのデータを共有して、常に会員が生産部会の中でどのレベルにあるかわかるようにすることで、高い目標に向けて取り組む意識が培われる雰囲気が醸成されています。研鑽を惜しまない姿勢の物江さんらの性格も、同部会の雰囲気とぴったりだったのかもしれません。

法人化の取組みとさらなる飛躍へ

　同社は、質の高いトマトの効率栽培にこだわった生産特化型の取組

みのため、販売はＪＡが全面的に対応しており、太田、宇都宮、新潟、新宿、大阪等の各市場に出荷しています。一方で、全国の有力なトマト産地との競合を考えると、トマトの卸価格が長期的に低減していくとの危機感をもっています。そのため、さらなる生産性の飛躍を目指して新しく自前ハウス施設を構築して、収量40ｔ／反を新たな目標に掲げて取り組んでいるところです。

同社の法人化は、そのための起点として、経営体制を明確化する必要から取り組むこととしたものです。高額となるハウス購入資金の調達にも、個人経営時代には責任関係が曖昧だった物江さんと共同経営者野本さんとの関係が、法人化により会社と個人、社長と副社長として責任が明確になったことにより、踏み込むことができたと振り返ります。

借入先の日本政策金融公庫からは「就農４年目でこれだけの融資は、通常は考えにくい」とのコメントがあり、法人化したことで事業性が明確になって審査がスムーズに進み、就農４年目でも多額の融資が可能となったと考えられます。自前ハウスの本格稼働後は、栽培面積が71ａ（現状の2.7倍）になるため、パート等の雇用が避けられません。パート採用については、社会保険料等の法人負担が増加することを認識したうえで、あらかじめ相当数の採用人数を確保し、パートなど従事者の希望に応じてフレキシブルに働ける仕組みを専門家と相談しつつ、工夫していくとしています。

今後の課題と展望

当面の課題は、新しい自前ハウスでの生産開始に向けて準備を進め、早期に40ｔ／反の収量を実現することです。現在、その準備を物江さんが、現行ハウスでの生産を野本さんが取り組んでいます。40ｔ／反の早期実現のためには、採用するパート社員の効率的な人員配置のた

Case 1. 新規就農から生産特化型の経営確立支援

めの人事制度の構築や従事者の作業習熟のための研修等が重要になります。さらなる生産性追求の取組みも必須となります。

　このように飛躍に向けて取り組んでいる同社に対して、栃木トマト部会をはじめ、ＪＡしもつけの皆さんと共に応援していきたいと思います。

Case 2.
集落営農法人の経営発展の支援

〈法人プロフィール〉

法 人 名 農事組合法人興農南中島生産組合
<ruby>興農南中島生産組合<rt>こうのうみなみなかじませいさんくみあい</rt></ruby>

所 在 地 新潟県上越市

品 目 水稲、大豆、枝豆、育苗、ハウス園芸、にんにく

経営規模 62ha、組合員57名

創 業 年 平成10年8月

（令和元年9月現在）

事業の特徴

　平成30年、興農南中島生産組合は法人化して20周年を迎えました。同年、町内のふれあいセンターで記念祝賀会を開催しています。

　同法人は集落営農法人であり、最大の特徴は、集落全戸が参加する1集落1農場の形態をとっていることです。ほ場整備と同時に法人が立ち上がったこともあり、全耕地を法人に利用権設定し、1区画1haという大区画で作業が行われている点にあります。

　また、組合長を中心に役員・専従職員体制が確立されており、今日まで、ほ場整備後の水稲栽培の安定化や稲作技術の導入強化、転作改善などの課題を解決することにより、組合員は57戸、作付面積は62ha超で安定しており、法人の黒字経営体制が確立されています。

Case 2. 集落営農法人の経営発展の支援

集落営農のほ場の様子

　農作物の育成に関連した特徴としては、大規模ほ場を活かした効率的な水稲栽培のほかに、①地域の水稲苗の受託、②大豆振興、③園芸作物の導入の３点が挙げられます。

❶　地域の水稲苗の受託

　同法人の水稲用苗のみでなく、ＪＡから受託して地域の農家の水稲苗を育苗して提供しています。

❷　大豆振興

　転作作物として大豆を導入しており、一定の収量を確保して安定的な収益源となっています。

❸　園芸作物

　水稲・大豆以外の収益源の確保のために園芸導入に取り組んでいます。試行錯誤の結果、現在、アスパラ菜の栽培が定着しており、冬期の大きな仕事となっています。

支援の流れ

　ＪＡえちご上越の役職員は、同法人の設立に係る支援を行うとともに、設立後も日常的に運営支援にあたっています。

平成15年度、同法人の設立10年を迎えるにあたっては、ＪＡ職員を中心に中小企業診断士等の専門家も入ったチームによる農業経営コンサルティングを実施することとしました。

　同法人にとって、設立してからの10年間は経営基盤を確立する段階と位置づけられましたが、10年目以降は第２次成長・発展を築くフェーズといえます。このため、このコンサルティングは、現状の問題点を明らかにして、今後の経営成長の方向性を同法人の役員・組合員とＪＡ役職員が一緒に検討して共通確認することを目的として実施したものです。

（１）　農業経営コンサルティング実施の流れ

　農業経営コンサルティングは、予備調査、２回の診断ヒアリング、組合員アンケート調査等を行い、提案内容を報告書としてとりまとめて同法人の役員に報告しました。

❶　予備調査

　まず、予備調査票（農業経営の現状と計画、生産方式、販売関係の現状と方針、経営理念等を事前に調査するためのシート）を記入していただき、経営概況を把握するとともに、３期分の決算書・総会資料を提出していただき、環境分析・現状分析などを行いました。

❷　第１回診断（７月）

　経営者ヒアリングを行い、現在の経営状況や今後の取組みの方向等を確認しました。また、同法人の構成員である組合員の意向を確認するために、組合員全員に対するアンケート調査を実施しました。

❸　第２回診断（８月）

　前述の組合員アンケートの結果等をもとに、同法人の組合長を中心にヒアリングを行い、組織の抱える課題を「見える化」していきました（　図表４−１　）。

Case 2. 集落営農法人の経営発展の支援

図表4−1　　農事組合法人興農南中島生産組合のSWOT分析

	プラス面	マイナス面
内部環境	【強み（Strengths）】 ・1集落1法人である ・稲作の技術力は高い ・大豆栽培に向いた土壌がある ・ほ場が1haと広いため効率が良い ・役員には意欲がある ・高齢・女性の人手はある ・行政・JAと仲がよい	【弱み（Weaknesses）】 ・経営コンセプトがない ・経営管理力が弱い ・役員・組合員の高齢化 ・役員と組合員のコミュニケーション不足 ・販売力がなくJAに頼るしかない ・補助金に頼った経営 ・財務力が弱い ・経営理念が組合員に浸透していない ・冬の間の仕事がない ・ビジネス性、戦略性に乏しい ・ほ場整備後のため土質が不安定 ・オペレーターの技術の不統一
外部環境	【機会（Opportunities）】 ・稲作の転作政策（補助金の拡大） ・栽培技術の進歩（直播による省力化・減肥化） ・品種の多様性（生産計画の見通し） ・生産の機械化（防除用機の開発） ・消費者の安心・安全要求（を充たせば売れる） ・新しい需要・用途（寿司米の品種・加工用米） ・パソコンの普及（HPによる直売が拡大化） ・流通環境の変化（契約栽培・直売など販売経路は多様化）	【脅威（Threats）】 ・稲作の転作政策（補助金の削減） ・遊休農地の拡大 ・輸入の外圧（今後も強い） ・消費動向の変化（米消費量の減少化） ・消費者の安心・安全要求が強い ・担い手の減少と高齢化 ・産地間競争の激化（ブランド化） ・消費税法の改正

❹　第3回診断（報告会）（11月）

　これまでの調査を踏まえて報告書をとりまとめ、同法人の役員に対

20周年記念祝賀会の様子

して、コンサルティング提案の内容についてプレゼンテーションを行いました。

（２）　提案の内容

報告書の内容は、次のとおりです。

❶　財務分析、ＳＷＯＴ分析を中心とした環境分析

同法人を取り巻く環境は厳しく、脅威となる外部環境や内部の弱みなどは多数見受けられましたが、同法人ならではの強みや、成長するうえでの機会となる外部環境も存在していました。

❷　総合診断票に基づく「経営基本」「生産管理」「販売管理」「労務管理」「財務管理」の各分野における提案

ＳＷＯＴ分析によって明らかになった強みを経営に最大限に活かせるよう、チャンスを逃さず、内部の弱みや課題をどうやって解決していくのかが今後の経営戦略となると判断しました。

経営基盤を確立する時期を越え、組織として第２次成長と発展の時期にある同法人にとって、現状の問題点を的確に認識し、それへの具体的な対応策をどのくらい実現できるかが今後の発展にかかっているため、挑戦的な経営計画と数値目標を立てることが必要といえます。コンサルティングチームは、その目標にチャレンジする心構えと実現

207

Case 2. 集落営農法人の経営発展の支援

図表４－２　農事組合法人興農南中島生産組合への提案と実践

	提案	取組状況
経営基本	経営ビジョンの共有化 ☑ 経営理念の明確化 ☑ 中期目標値の設定・経営管理の強化 ☑ 役員と組合員の意見交換の場作り ☑ 「中・長期経営計画の策定」 ・作付品目・加工・直販 ・他法人との合併等 ☑ 次世代対策の組合員アンケートの実施	→事業計画に「１集落１農場方式にて農地の有効利用」旨を明記 →税理士事務所による財務分析の実施 →運営委員を設置し、運営のすそ野を拡大 ※平成30年産以降のコメ政策のあり方・経営環境がある程度見えてきたら作成すべきか検討
	☑ 他品目・加工など経営の複合化の検討	→枝豆の定着化 アスパラ菜・にんにくの導入と定着化
生産管理	栽培技術の標準化と 高付加価値化への取組み ☑ 生産履歴の情報開示 ☑ 食味を重視した栽培や減農薬栽培の導入 ☑ ほ場マップ作成による生産性向上 ☑ 機械稼働率の向上 ☑ ＧＡＰの導入の検討	→専従者の作業拡大で労働生産性を向上 →５割減減栽培を拡大 →ほ場マップを作成して、施肥量等を調整 →計画的な農機の更新・購入 ※ヘリ・ドローンによる防除の検討 ※プール育苗への全面転換 ※直播は導入を予定していない
販売管理	直接販売機能の強化 ☑ 縁故米を販売につなげる方法の確立 ☑ 都市交流等による販売先の確保 ☑ ＪＡ施設への区分搬入による有利販売 ☑ 20％位を直売する計画	→ＪＡへの出荷を基本とした販売ポートフォリオの作成 →自前の乾燥機を購入し、縁故米の拡大 コイン精米機の購入 →オーナー米、スーパーへ直販（独自の米袋による販売）

労務管理	作業従業員の拡大と後継者の確保 ☑ 定年退職者雇用の仕組みづくり ☑ 土日に手伝ってもらえる仕事の創出 ☑ 業務マニュアル作成と業務訓練の実施	→専従職員を２名、公務員並みの給与を支給 →オペレーター時給の見直し 　※高齢者が作業できる体系の検討 　※次世代づくりと女性の参加促進策の実施
財務管理	財務体質の強化 ☑ 役員報酬の適正化 ☑ 生産原価の引き下げ（支払地代の見直し） ☑ 増資および剰余金の内部留保に努める ☑ 「中期的な剰余金の分配方針の検討」 　・地代・配当・役員報酬 　・労賃・内部留保 ☑ 「中期的な投資計画の検討」 　・農業経営基盤準備金の戦略的な活用 ☑ 「従事分量配当の活用」の検討	→役員報酬を引き上げ →地代は毎年変動から固定化 　※地代水準の検討 →毎年、内部留保を充実 →農業経営基盤強化準備金を積み増し 　※主食用・加工・飼料用米、大豆、園芸など将来の作付品目を想定した機械投資

させる強い意志が不可欠であることを助言しました（ 図表４－２ ）。

課題と今後の展望

　報告書の提案の中には、すぐに実践できること、中期的に検討していくことがあります。提案内容を実践していくためには、同法人が自らの課題として事業計画に落とし込んで具体化していくことが必要です。併せて、ＪＡが支援する立場からすぐに対応できること、中期的に検討が必要なこともあります。

　このため、平成24年からは、毎年定期的にＪＡの担当者による経営

者ヒアリングを実施しています。

　平成30年度末においても、組合員は57戸、作付面積は60ha超で安定しており、同法人の黒字経営体制が確立されています。

　今後、米農政等が大きく変更するなかで、補助金・交付金に過度に依存しない経営の確立が求められており、さらに、同法人の強みを再認識して経営に生かし、安定的な経営を存続させていくことが求められています。

　いま、同法人は構成員の世代交代を迫られる時期でもあります。農地の相続対策も含め、次世代への経営継承をどのように進めていくか、検討しなければなりません。ＪＡは、農業法人支援の観点から共にこの課題に取り組むことが求められているといえるでしょう。

Case 3.
ＩＣＴ技術を活用した新規営農

〈法人プロフィール〉

法 人 名	株式会社ＡＧＲＩＥＲ （アグリエ）
所 在 地	北海道空知郡上富良野町
品　　目	にんにく、しょうが、とうもろこし
経 営 規 模	栽培面積2.1ha（平成30年実績）
創 業 年	平成29年８月９日法人設立

（令和元年10月現在）

事業の特徴

（1）　設立の経緯

　代表の蛇岩真一さんは、東京在住で大手電気メーカーのＩＴ部門に勤めながら、遠隔地である北海道で新規に農業法人を立ち上げています。職務経験上ＩＴに詳しいのはもちろんのこと、中小企業診断士でもあることから経営の知識も豊富な方です。

　蛇岩さんの勤務する企業は副業を許可しており、以前から、中小企業診断士の資格を活かして資格学校の講師や中小企業の経営支援を積極的に行っていました。その経営支援活動のなかで、農業ベンチャー企業の代表取締役を務める加藤百合子さん（現株式会社ＡＧＲＩＥＲの取

211

Case 3. ＩＣＴ技術を活用した新規営農

ＩＣＴを活用した栽培施設の様子（左）、栽培環境のデータがスマートフォンに届く（右）

締役）に出会い、同社の支援をとおし、興味関心を深めるとともに、農業ＩＣＴを含めた農業ロボット関係の知識を深めていきました。また、ＪＡグループのアクセラレータープログラムへの応募や、農業とテクノロジーの融合をテーマに開催されるイベントに参加するなどチャレンジを続けています。こうして、農業関係の人脈を広げ、農業ベンチャー支援を通じて知った農業と地域の課題意識や、震災復興ボランティアを通じて高まった郷土愛から、"持続可能な社会"を目指し、株式会社AGRIERを設立しました。

現在も東京在住のまま、上富良野町を生産拠点として、にんにく生産をはじめ、ＩｏＴとビッグデータを活用した農業に挑戦しています。

北海道空知郡上富良野町は、蛇岩さんの出身地ですが、農家ではなく、新規就農することについては事前に多くの調査を重ね、何度も東京から足を運び決定しました。また、就業前には、農業実務の習得のために有給休暇や土日を活用して他県の農業法人を訪れ、実際に作業を行っています。

（2）　就農の地を選んだ理由

　長野県や青森県の農業者に、上富良野町を新規就農の地として検討していることを告げると、複数の方から温暖化を理由として前向きな回答が得られたことも、北海道を就農先に選んだ理由となっています。例えば、青森のにんにく農家を収穫時期の6月に訪れた際には、梅雨が長く何日も降り続いた雨の影響で収穫作業ができないということがありました。これは温暖化により梅雨前線が変化している影響であり、十数年前までは、青森ではそのような長雨が続くことはなかったといいます。

　さらに、「地域経済分析システム（RESAS）」（注37）を使用した、地域の外部環境分析も行っています。分析の結果、地域の人口は減少傾向にあるものの、創業予定地には自衛隊駐屯地があるため、他地域に比べ年齢バランスがよいなどの強みがありました。人口や家族構成の現状と将来予想を踏まえて事業計画を立てる必要があることを方向づけて、経営計画を作成しています。

（注37）内閣府まち・ひと・しごと創生本部事務局運営。産業構造や人口動態、人の流れなどの官民ビッグデータを集約し、可視化するシステム。

（3）　法人形態を選んだ理由

　個人農家の場合、在住でなければ土地を取得することができません。東京に居ながらにして北海道で農地を取得するためには、農業法人化するしか手段がないということになります。また、蛇岩さんに万一のことがあって営農継続が不可能になったとしても、会社形態であれば後継者育成が効率よく行うことができ、経営を継続することが可能であると考えています。

　実際に、蛇岩さんが取得した土地の持ち主は法人化しておらず、主

Case 3. ＩＣＴ技術を活用した新規営農

収穫したにんにく

に農作業にあたっていた方が亡くなったことをきっかけに農業を継続できなくなり、耕作放棄地化しつつありました。

（4）　3つの特徴

❶　新規就農時に会社を設立

　蛇岩さんは、新規就農の時点で会社を設立しています。これは、東京在住のまま農地を取得するには法人化するしか方法がないことが理由ですが、会社設立の手順は、中小企業診断士としての知識も役立ちました。

❷　高付加価値の農産物であるにんにくの栽培が中心

　栽培品目について、土地利用型の農業の中でも高付加価値の農産物であるにんにくを中心に栽培しています。上富良野町では産地化されてはいませんでしたが、地域で栽培実績はありました。

❸　農業ＩＣＴの活用

　上富良野町の農場に、遠隔操作可能なカメラ・各種温度センサー等の付いたデバイスを設置しています。これにより、東京からほ場が

チェックできるという仕組みです。必要に応じて現地の協力者やアルバイトスタッフに作業指示を出し、対応しています。

当地域における就農・営農支援の現状

（1） 株式会社AGRIER　蛇岩さんの場合

　上富良野町での創業を決心した蛇岩さんでしたが、当初、土地がないという問題がありました。自治体やＪＡに相談したものの土地が余っていないという結果に行き詰まっていたところ、町の担当者から農業法人の経営者である伊藤仁敏さん（前述の加藤さんとともに、現株式会社AGRIERの取締役）を紹介されました。

　伊藤さんは、開拓から４代目の農家で、父親の代では観光農園も始めています。現在では、旅行ガイドにも掲載される、富良野では定番の観光農園の会長でもあります。農業高校から短期大学に進学後に実家の農場に就農し、現在は観光農園の傍ら、平成27年10月に「合同会社ふらの野菜クラブ」を設立して、畑作中心に100haを耕作しています。蛇岩さんが、実際に会ってみると、実は中学の同級生だったということもあり、意気投合して同社の取締役に就任してもらうとともに伊藤さんから土地を借りて、スタートを切ることができました。

　また、新規の農業法人形態での就農であり農業経験や農業収入の実績がないことから、事業性の評価が難しいことを理由に、地元のＪＡからの融資を最初は受けることができませんでしたが、資材の購入および農業機械の導入等の取引を行っています。さらに、にんにくの種取りを優先した２期を終えたため、３期目はＪＡにも出荷ができる見通しです。今後は労災保険等も検討しており、今後のさらなる関係作りが期待されます。

（2）　経営を見える化する支援

　農業が盛んな富良野地域でも、農業者は減少傾向であるのが現状です。共同代表の伊藤さんによれば、就農した約30年前に比べると地域の農業者数は約８分の１程度になっているといいます。一方で、耕作面積地は変わらないことから大規模化も進行しています。施設にかかる初期費用の負担が高額となる畑作では、新規就農の事例は少ないのが現状です。小規模農家では、収益化が可能であるミニトマトなどの施設園芸の新規就農が増えています。

　また、収穫物の収入を見込んで農業資材等を購入する「農協組合員勘定制度（クミカン）」が行われていた時代には、何を購入しても現金が動いている感覚がないことが要因で農業が経営であることの意識が醸成されず、収穫が芳しくない年があると支払いが滞ることから、農業者の離農につながったという見方もありました。現在、当地域には経営安定対策や補助金の仕組みを活用するための経営相談が根付き、経営が見える化され、数字が明らかになっている農家は経営が安定する傾向にあります。

　例えば、当地域の某酪農家は、補助金の活用で経営を見える化し、現在は経営が安定しています。

（3）　人のつながりを活かした支援

　同じ地域の酪農家である高松克年（たかまつきみとし）さん宅にお伺いして、新規就農支援の取組みをお聞きしました。高松さんは、これまで多くの酪農の実習生を受け入れ、当地域で新規参入の現状を見てきた１人です。

　高松さんが支援されてきた新規就農者は様々で、上手くいった例では、非農家出身で子育てを終えてから就農した方、企業での勤務を続けて資金を貯めてから就農した方と経歴はそれぞれ違います。成功者

左から伊藤仁敏さん、加藤百合子さん、蛇岩真一さん

　に共通しているのは、理解ある農業者と出会い、土地と飼料といった
資源に巡り合った酪農家や、よいタイミングでの第三者事業承継を受
けた酪農家など、人脈を活かした方です。一方で、上手くいかなかっ
た例として、いち早くＩＣＴをメロン栽培に導入した新規就農者は、
地域に相談できる農家がいなかったために、緻密なデータを活かしき
れずに離農してしまいました。また、生薬に着目し、薬草の育種を目
指す方に良い土地が紹介できず、現在は別の県で就農し成功している
という例もあり、地域資源となる芽を失ってしまう結果となりました。
人と人とのつながりや人脈に新規就農の成功の糸口があることから、
ＪＡ職員としては常にアンテナを高くしておきたいところです。
　筆者が蛇岩さんのほ場を訪問した際にも、同時期ににんにく栽培を
始めた２人の仲間が情報交換のため訪ねて来ました。地域の仲間は、
新規就農として地域に入った蛇岩さんの経営手法にも一目をおきつつ、
「自分の持っている農機具に合わせるとこのような方法を考えている
のだが、どう思われるか」などといった具体的な情報交換を行ってい
ます。１人は除雪作業との兼業、もう１人は酪農との兼業ながらもに

んにくの生産にチャレンジし、蛇岩さんのＩＣＴを活用した遠隔操作
による栽培の試みは、地域の新たな動きにもつながっています。

課題と今後の展望

　蛇岩さんは、新規就農に至った自らの経験をもとに、農作物の生
産・経営支援・農作業改善の他に「副業で段階的に農業に参入できる
仕組みづくり」を計画しています。自らも段階的に北海道に軸足を移
し、生産拡大を進めます。

　今後、若者の採用を進め地域の活性化に貢献しつつも、バブル期に
大量採用した世代が引退する時期がくることなどからも、新規就農が
その受け皿となり、様々な人が「定年前に定年のない仕事に就く」世
の中を創出することを目標にしています。さらに、会社の事業継続に
より、会社の事業承継により農地保全を図ることを目標にしています。
そのためにも、経営の規模拡大や健全な経営が求められますが、すで
に事業計画に落とし込まれており、確実な実行のために必要な人材確
保により進めることが可能となります。

　本ケースを通じて、地域ＪＡの経営資源を活かすことで、法人の成
長を通じた地域農業の振興を加速度的に進め、共に発展させていく可
能性に期待が高まります。

〈編著者紹介〉

ＪＡグループ中小企業診断士会

全国農業協同組合中央会、全国農業協同組合連合会、農林中央金庫、全国共済農業協同組合連合会等に所属する中小企業診断士・弁護士等を中心に約50名の会員からなる。会員相互の研鑽の場として、勉強会や他企業の中小企業診断士との交流を定期的に行っている。また、ＪＡグループ組織横断の交流の場として、相互理解の醸成とともに農家・農業法人に向けて経営診断や経営支援にも取り組んでいる。実務従事を通じて視野を広げ、業務に新たな発想や価値観を持ち込み、個々の社会貢献活動やＪＡグループへ新たな貢献を目指す。

〈執筆者紹介〉

三海 泰良（さんかい やすよし）

中小企業診断士、ＪＡグループ中小企業診断士会会長。東京農業大学卒業後、全国農業協同組合連合会に入会、畜産販売事業やグループ会社の経営管理を担当。自費でＭＢＡを取得ののち、同診断士会を立上げ。ＪＡグループ内外の連携を生み出すことに情熱をもつ。
第１章１～３、第４章Ｃａｓｅ３担当

濱田 達海（はまだ たつみ）

中小企業診断士。全国農業協同組合中央会 経営対策部長、教育部長、監査企画部長等を経て、ＪＡ全農常勤監事、ＪＡ全農チキンフーズ株式会社常勤監査役。現在、一般社団法人ＪＥＴ経営研究所代表。
第４章Ｃａｓｅ２担当

元広 雅樹（もとひろ まさき）

中小企業診断士。全国農業協同組合中央会 営農・くらし支援部次長。
第１章６、第３章１、第４章Ｃａｓｅ２担当

室田 弘壽（むろた こうじゅ）

中小企業診断士、１級ＦＰ技能士。りそなホールディングスを経て農林中央金庫に入庫。ＪＡバンクの推進部署等を担当。現在、業務監査部主任業務監査役。
第２章５・９、第３章２担当

髙村 真和（たかむら しんわ）
中小企業診断士、農業改良普及員、食農１級、宅地建物取引士。厚木市議会議員（令和２年２月現在）。元全国共済農業協同組合連合会職員、一般社団法人全国農業協同組合中央会勤務。
第２章７〜８、第３章３担当

伊沢 豊（いざわ ゆたか）
中小企業診断士、ニューヨーク大学ＭＢＡ。株式会社国際開発センター ビジネスコンサルティング部所属。農業コンサルティングや、国内農業法人の海外展開支援サポートを実施。
第１章５、第２章３担当

市川 三友紀（いちかわ みゆき）
中小企業診断士。全国農業協同組合連合会埼玉県本部 園芸販売部 園芸販売課所属。主に、埼玉県内で生産される農産物の市場への販売を担当している。
第１章４、第３章４担当

清水 康雄（しみず やすお）
中小企業診断士、日本政策公庫農業経営アドバイザー試験合格者・ＡＳＩＡＧＡＰ指導員。農林中央金庫勤務を経て、平成26年より農業経営専門中小企業診断士として農業法人経営支援、事業承継支援等に取り組んでいる。
第２章１〜２、第４章Ｃａｓｅ１担当

菅原 清暁（すがわら きよあき）
松田綜合法律事務所パートナー弁護士。農業関連法務チームリーダーも務める。全国農業協同組合連合会など食農関連事業者を多数クライアントにもち、農業・食品にかかわる法律問題を広く手がける。事業者向けセミナーも多数実施。
第２章４〜６担当

JA職員のための 農業法人支援ハンドブック

2020年3月16日　第1刷発行

編著者　ＪＡグループ
　　　　中小企業診断士会

発行者　金　子　幸　司

発行所　㈱経済法令研究会
〒162-8421　東京都新宿区市谷本村町3-21
電話 代表03(3267)4811　制作03(3267)4823
https://www.khk.co.jp/

営業所　東京03(3267)4812　大阪06(6261)2911　名古屋052(332)3511　福岡092(411)0805

カバーデザイン・本文レイアウト／土屋みづほ
制作／松倉由香・横山裕一郎　印刷／日本ハイコム㈱　製本／㈱ブックアート

©JAgroup registered management consultants 2020　　ISBN978-4-7668-3416-1
Printed in Japan

☆　**本書の内容等に関する追加情報および訂正等について**　☆
本書の内容等につき発行後に追加情報のお知らせおよび誤記の訂正等の必要が生じた場合には、
当社ホームページに掲載いたします。
（ホームページ　書籍・DVD・定期刊行誌　メニュー下部の　追補・正誤表 ）